増補版

金融・証券のための
ブラック・ショールズ微分方程式

石村貞夫
石村園子 著

東京図書株式会社

——須藤編集部長に捧ぐ——

まえがき

「21世紀は金融証券の時代」

です.
 と，同時に
  「21世紀は数学を言語とする時代であり，統計解析の時代」
でもあります．そして
  「数学や統計解析が現実の世界でも役に立つ」
このことを実感できるのが本書
  『金融・証券のためのブラック・ショールズ微分方程式』
なのです．
 この本は大きく分けて，2つのステップからなっています.

 ステップ1．ブラック・ショールズの偏微分方程式を作る！
  微分方程式を作るとは,
   世の中の現象を数式で表現すること
  です．もやもやとした思考を,
   数学という世界共通の言語を使って，方法的ならしめる
  ことです．
  でもどうやって，数式で表現するのでしょう？

 ステップ2．ブラック・ショールズの偏微分方程式を解く！
  微分方程式を解くとは,
   その方程式を満たす解を探す
  ことです．
  でもどうやって，解を探すのでしょう？

というわけで，この2つのステップはあまりカンタンではありません．
 そこで，この本では，飛躍をなくし，一歩一歩ゆっくり学べるように，「微分と偏微分のはなし」から始めることにしました．

したがって，高校で微積分を選択されなかった方にも，
ゆっくり読んでいただければ，
　　　　　　読了後には知的好奇心を十分満足していただける
と確信いたしております．

　この本の最後に，ブラック・ショールズの原論文
　　「The Pricing of Options and Corporate Liabilities」(p.637-645)
の日本語部分訳を載せてあります．
　あの有名なブラック・ショールズの公式が，オリジナルの論文では
どのように現れてくるのか，この本と比較されながらお読みいただけると，
より興味深いのではないでしょうか？

　御注意：ところで，微分方程式の解の存在について，大切な概念があります．それは解の収束と発散です．たとえ，微分方程式の解が形式的にみつかったとしても，その値が収束しなければ，それはマボロシにすぎません．しかし，残念ながら，ここでは解の収束発散についての議論はされていません．この本では厳密な議論よりも，わかりやすさという立ち場を優先しました．

　この本を書くきっかけを作ってくださった金融財務研究会の徳田駿一さん，
金融証券の話題を提供してくださった茨城県信用組合の和田喜美雄さん，
多忙な研究活動にもかかわらず偏微分方程式の解法について重要な助言を
していただいた宮城教育大学教授の瓜生等先生，慶應義塾大学経済学部教授の
蓑谷千凰彦先生に深く感謝いたします．
　そして，いつも無理な注文に快く応じてくださる東京図書の須藤静雄編集部
長，飯村しのぶ編集部長に深く感謝いたします．

1999年7月2日

　　　　　　　　　　　　　　　　　　　　　　　　　　　石　村　貞　夫
　　　　　　　　　　　　　　　　　　　　　　　　　　　石　村　園　子

【増補版のまえがき】

『金融・証券のためのブラック・ショールズ微分方程式』は，
1999年9月に出版されました．

出版当初から評判になり，幸運にも，八重洲ブックセンター，ジュンク堂，紀伊國屋書店など，多くの書店でベストセラーを続けました．

さらに，朝日新聞をはじめとして，多くの新聞・雑誌でも好意的に紹介していただきました．

このたび，『金融・証券のためのブラック・ショールズ微分方程式』の増補版を出版することになり，

『金融・証券のためのファイナンシャル微分積分』の第5章
リスク中立評価法

を追加することにしました．

ブラック・ショールズ微分方程式の解を求めるのは容易ではありませんが，
リスク中立評価法

という考え方を導入すれば，ブラック・ショールズ微分方程式と同じ解をわかりやすく，しかも比較的簡単に求めることができます．

増補版を出版するにあたり，東京図書編集部の須藤静雄編集部長と宇佐美敦子さんには，多大のご努力をいただき，感謝の念に堪えません．

ありがとうございました．

2008年6月6日

石村貞夫
石村園子

もくじ

まえがき

第1章　微分と偏微分のはなし　　1

- §1.1　連続ということ …………………………………………………… 2
- §1.2　"微分する"ということ …………………………………………… 6
- §1.3　"微分"のはなし …………………………………………………… 10
- §1.4　合成関数の導関数 …………………………………………………… 14
- §1.5　合成関数の"微分" ………………………………………………… 16
- §1.6　高階導関数 …………………………………………………………… 18
- §1.7　2変数関数の偏導関数 ……………………………………………… 20
- §1.8　2変数関数の"微分" ……………………………………………… 24
- §1.9　合成関数の"偏導関数" …………………………………………… 26
- §1.10　2変数関数の高階偏導関数 ………………………………………… 28

第2章　テイラー級数展開をすると……　　33

- §2.1　テイラー級数展開の裏ワザ ………………………………………… 34
- §2.2　2変数関数のテイラー級数展開について ………………………… 42

第3章　積分と無限積分のはなし　　45

§3.1　積分を理解するための裏ワザ …………………………………… 46
§3.2　無限積分は重要です！ …………………………………………… 54

第4章　微分方程式の解は公式で与えられています　　67

§4.1　微分方程式を学びましょう！ …………………………………… 68
§4.2　よくわかる微分方程式のつくり方 ……………………………… 71
§4.3　微分方程式の解の公式 …………………………………………… 74

第5章　やさしく学ぶフーリエ解析　　85

§5.1　フーリエ級数展開をしてみましょう！ ………………………… 86
§5.2　フーリエ積分展開はちょっと大変です ………………………… 90

第6章　よくわかる偏微分方程式の解の公式　　95

§6.1　偏微分方程式の3つのタイプ ……………………………… 96
§6.2　熱伝導方程式についての解説 ……………………………… 98
§6.3　熱伝導方程式を解く！ …………………………………… 100
§6.4　境界条件 $g(u) = \cos u$ が与えられると
　　　熱伝導方程式の解も具体的に求められます!! ……………… 114

第7章　株価変動の不思議　　117

§7.1　ウィーナー過程，またの名をブラウン運動 ……………… 118
§7.2　一般化したウィーナー過程 ………………………………… 122
§7.3　伊藤過程……これは重要です！ …………………………… 128

第8章　伊藤のレンマ……これが決め手です　　131

§8.1　これが伊藤のレンマです！ ………………………………… 132
§8.2　素朴な疑問——なぜ $(dZ)^2 = dt$ となるの？ ……………… 138

第9章　よくわかるブラック・ショールズの偏微分方程式のつくり方　143

§9.1　ポートフォリオでリスク分散を！ ……………………………… 144
§9.2　ブラック・ショールズの偏微分方程式をつくりましょう ……… 146

第10章　ここでブラック・ショールズの偏微分方程式を"イッキ"に解きましょう!!　155

第11章　リスク中立評価法によるブラック・ショールズの公式　193

§11.0　裁定取引と無リスク金利の関係 ……………………………… 194
§11.1　リスク中立評価法の考え方は大切です！ …………………… 200
§11.2　ブラック・ショールズの微分方程式が意味するもの？ …… 224
§11.3　リスク中立評価法によるブラック・ショールズの公式の求め方 …… 230

| 付　録　ブラック・ショールズ原論文の
　　　　日本語部分訳 | 247 |

COLUMN

乱数のつくり方　32, 44, 66
ランダムウォークのつくり方　84
ランダムウォークの描き方　94
Excelで描くフーリエ級数　116, 130, 142, 154, 192, 246

参考文献　259
索引　261

◆装幀　戸田ツトム
◆イラスト　石村多賀子，小島輝美

増補版

金融・証券のための
ブラック・ショールズ微分方程式

◆第1章◆

微分と偏微分のはなし

§1.1 連続ということ

次の2つのグラフは連続です.

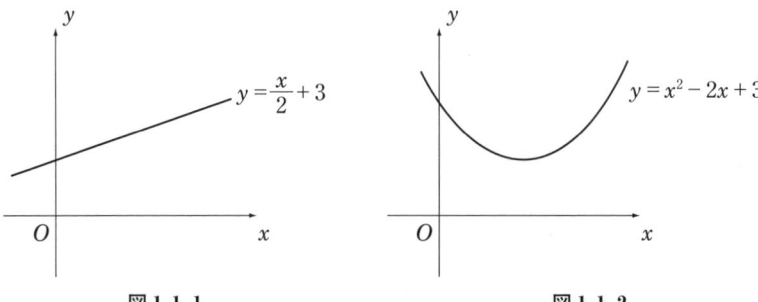

図 1.1.1   図 1.1.2

次のグラフは,点 $x=5$ のところで不連続になっています.点 $x=5$ 以外ではもちろん連続です.このようなとき,"ほとんどいたるところで連続" という表現をすることがあります.

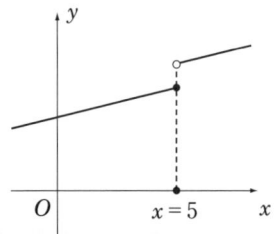

$$y = \begin{cases} \dfrac{1}{2}x+5 & \cdots\ x>5 \\ \dfrac{1}{2}x+4 & \cdots\ x\leqq 5 \end{cases}$$

図 1.1.3 $x=5$ で不連続です

次のグラフは連続なグラフでしょうか？ ☞ p.4

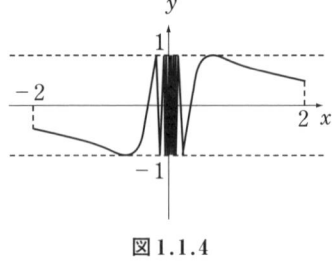

$$f(x) = \begin{cases} \sin\left(\dfrac{1}{x}\right) & \cdots\ x\neq 0 \\ 0 & \cdots\ x=0 \end{cases}$$

図 1.1.4

例題 1.1 次の関数 $f(x)$ のグラフを描いてみましょう．
$$f(x) = \begin{cases} x^2 - 4x + 5 & \cdots \ x \geq 2 \\ 1 & \cdots \ x < 2 \end{cases}$$

解答 はじめに $y = x^2 - 4x + 5$ のグラフを描きます．次に $y = 1$ のグラフを描いて，$x = 2$ のところで，2 つのグラフを合体させるとできあがりです．

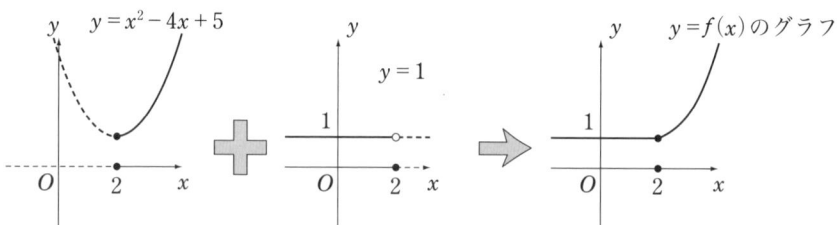

演習 1.1 次の関数 $g(x)$ のグラフを描いてください．
$$g(x) = \begin{cases} 2x + 1 & \cdots \ x \geq 0 \\ -x + 1 & \cdots \ x < 0 \end{cases}$$

解答

$y = 2x + 1$ のグラフは傾きが □ で切片が □ のグラフ

$y = -x + 1$ のグラフは傾きが □ で切片が □ のグラフ

したがって，次のようになります．

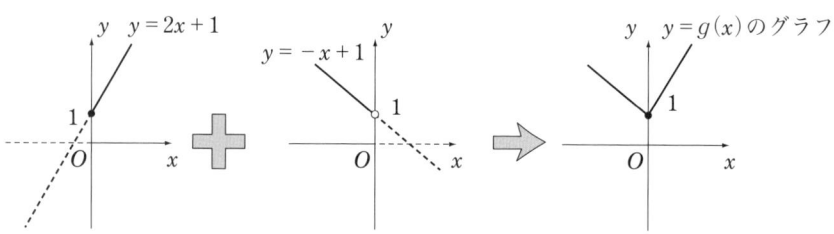

【答】 2, 1, -1, 1

実は図1.1.4のグラフは，点 $x=0$ のところで不連続になっています。

というのも……

x を右から0に近づけても，左から0に近づけても，$\frac{1}{x}$ は±無限大に発散してしまうので，$f(x) = \sin\left(\frac{1}{x}\right)$ の値はいつまでも-1と$+1$の間を行ったり来たりして，一定の値に近づいてくれないのです。

次の定義があります。

── 連続の定義 ──

関数 $f(x)$ が点 $x=p$ の近くで定義されているとき

　　(1) $\lim_{x \to p} f(x)$ が存在して

　　(2) $\lim_{x \to p} f(x) = f(p)$ が成り立つ

とき，関数 $f(x)$ は点 $x=p$ で連続といいます。

🔊『よくわかる微分積分』p.8

つまり，$f(x) = \sin\left(\frac{1}{x}\right)$ のグラフの場合

$$\text{"}\lim_{x \to 0} \sin\left(\frac{1}{x}\right)\text{が存在しない"} \quad \Leftarrow ①$$

のです。したがって，$f(x)$ は点 $x=0$ で不連続というわけです。もちろん，点 $x=0$ 以外では連続なので，"ほとんどいたるところ連続" というわけです。

ふつう，鉛筆でグラフを描くと，どうしても次の図

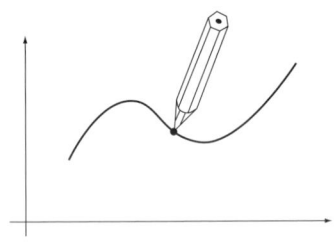

のようになってしまいます。私たちの知っているグラフは，"いたるところ連続" のグラフなのです。が，しかし，……

　"いたるところ不連続" なグラフも，実は存在するのです。　$\Leftarrow ②$

▲ 左ページの説明です！

　連続複利計算で利用される指数関数 $f(x) = e^x$ のグラフは，次のようになります．

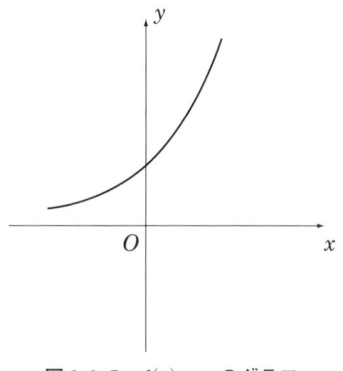

図1.1.5　$f(x) = e^x$ のグラフ

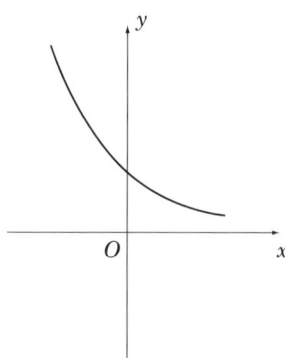

図1.1.6　$g(x) = e^{-x}$ のグラフ

←①　関数 $f(x) = \sin\left(\dfrac{1}{x}\right)$ は

$$f(\boxed{}) = \sin\left(\dfrac{1}{\boxed{}}\right)$$

という感覚です．

　このように関数は函（はこ）（□）のイメージをもっているので，昔は函数（かんすう）と表現していたそうです．

←②　次の関数 $h(x)$ は，"いたるところ不連続" になっています．

$$h(x) = \begin{cases} 0 & \cdots\ x \text{ は有理数のとき} \\ 1 & \cdots\ x \text{ は無理数のとき} \end{cases}$$

　エッ？　このグラフを描いてみたい!?
　残念ながら，このグラフは描けません．

§1.1　連続ということ　　5

§1.2 "微分する" ということ

"微分"という言葉は，"〜を微分する"といった，動詞の形で使われます．たとえば

$$『x^2 を微分すると，2x になる』$$

といった感じです．

x^2 という関数を微分すると，$2x$ という関数ができますが，この $2x$ のことを**導関数**といいます．

つまり

$$微分する＝導関数を求める$$

ということです．したがって

$$y',\quad \frac{dy}{dx},\quad f'(x),\quad \frac{df}{dx},\quad \frac{d}{dx}f(x)$$

のような記号は，導関数のことを表現しているのです．

導関数の定義

関数 $f(x)$ の導関数 $f'(x)$ を $\displaystyle\lim_{h\to 0}\frac{f(x+h)-f(x)}{h}$ で定義します．

⬆『よくわかる微分積分』p.14

たとえば

$$\begin{aligned}
(x^2)' &= \lim_{h\to 0}\frac{(x+h)^2-x^2}{h} \\
&= \lim_{h\to 0}\frac{x^2+2hx+h^2-x^2}{h} \\
&= \lim_{h\to 0}\frac{h(2x+h)}{h} \\
&= \lim_{h\to 0}(2x+h) \\
&= 2x
\end{aligned}$$

のようになります．

"微分する"または導関数を求めるといっても，実際には，すでに公式が完成されているのです．

導関数の公式

$(定数)' = 0,$ $(x^a)' = ax^{a-1}$ （a は実数）

$(e^x)' = e^x,$ $(\log x)' = \dfrac{1}{x}$

$(\sin x)' = \cos x,$ $(\cos x)' = -\sin x$

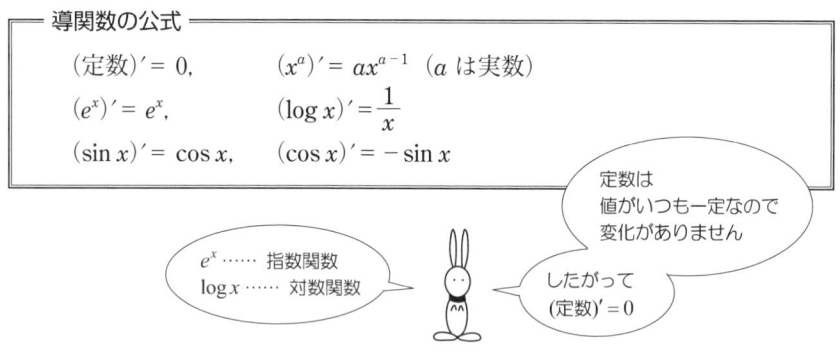

上の公式と次の命題を組み合わせると，いろいろな関数を自由に微分することができます．

微分の命題

関数 $f(x)$, $g(x)$ が微分可能ならば

$$\{f(x) + g(x)\}' = f'(x) + g'(x)$$

$$\{k \cdot f(x)\}' = k \cdot f'(x) \qquad (k\text{ は定数})$$

$$\{f(x) \cdot g(x)\}' = f'(x) \cdot g(x) + f(x) \cdot g'(x)$$

$$\left\{\dfrac{f(x)}{g(x)}\right\}' = \dfrac{f'(x) \cdot g(x) - f(x) \cdot g'(x)}{(g(x))^2}$$

が成り立ちます．

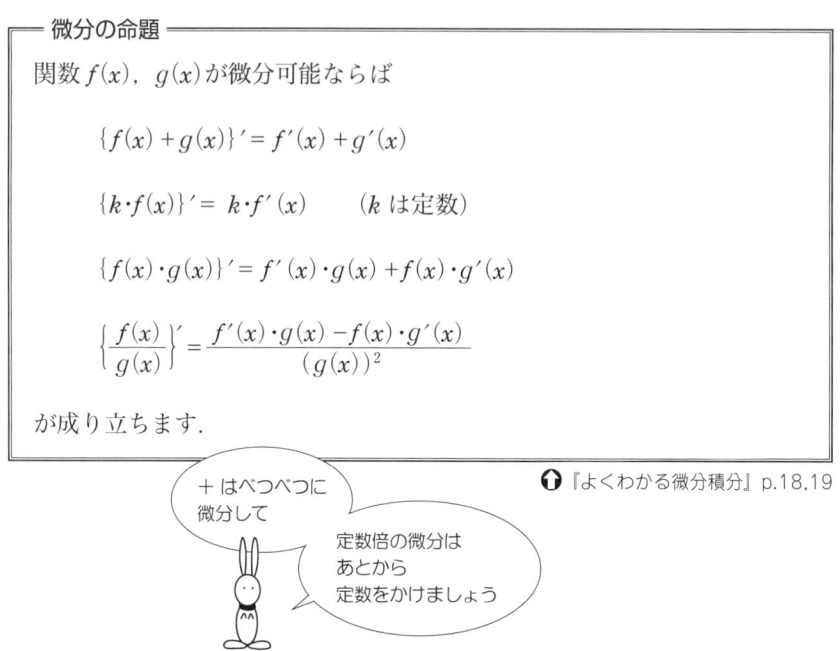

⬆ 『よくわかる微分積分』 p.18, 19

§1.2 "微分する"ということ

例題 **1.2** 次の関数を微分しましょう.
(1) $4x^3 + 2x + 1$ (2) $e^x \cdot \sin x$

解答
(1) $(4x^3 + 2x + 1)' = (4x^3)' + (2x)' + (1)'$
$= 4 \cdot 3x^2 + 2 \cdot 1 + 0$
$= 12x^2 + 2$

(2) $(e^x \cdot \sin x)' = (e^x)' \cdot \sin x + e^x \cdot (\sin x)'$
$= e^x \cdot \sin x + e^x \cdot \cos x$
$= e^x(\sin x + \cos x)$

演習 **1.2** 次の関数を微分してください.
(1) $-7x^4 + 2x^3 + 6$ (2) $\dfrac{\log x}{x}$

解答
(1) $(-7x^4 + 2x^3 + 6)' = (-7x^4)' + (2x^3)' + (6)'$
$= -7 \cdot \boxed{} x^{\square} + 2 \cdot \boxed{} x^{\square} + \boxed{}$
$= \boxed{} x^{\square} + \boxed{} x^{\square}$

(2) $\left(\dfrac{\log x}{x}\right)' = \dfrac{\boxed{}' \cdot \boxed{} - \boxed{} \cdot \boxed{}'}{\boxed{}^2}$
$= \dfrac{\boxed{} - \boxed{}}{\boxed{}^2}$

【答】 (1) $-28x^3 + 6x^2$ (2) $\dfrac{1 - \log x}{x^2}$

いろいろな関数があります．

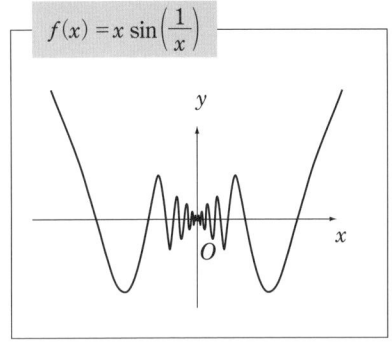

図 1.2.1　$x=0$ で微分不可能です

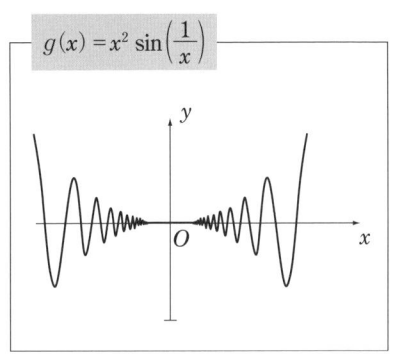

図 1.2.2　$x=0$ でも微分可能です

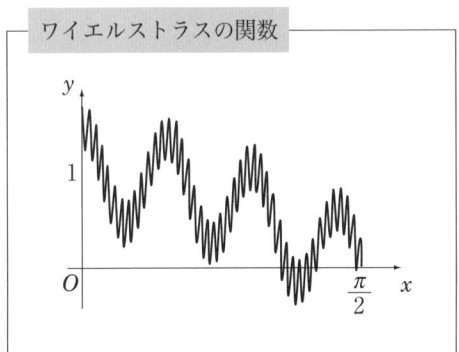

図 1.2.3　"いたるところ微分不可能"です

❶『SPSS による時系列分析の手順』

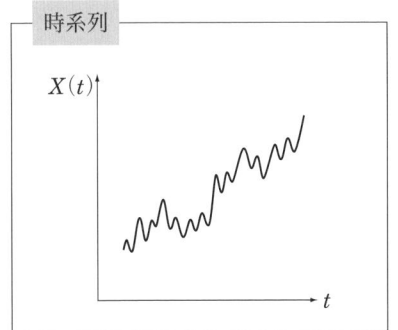

図 1.2.4　時系列データ

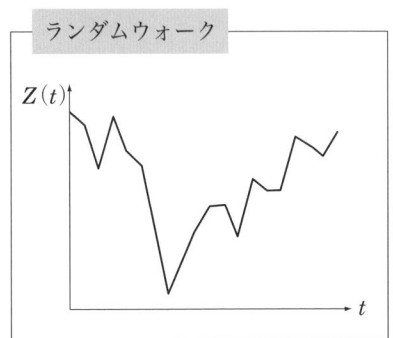

図 1.2.5　酔歩または乱歩

§1.2　"微分する"ということ　9

§1.3 "微分"のはなし

"微分する"ということはわかったのですが,では,金融・証券の分野で登場する

$$"微分"$$

とはいったい何なのでしょうか？

金融・証券の本を見ていると,次の2つの記号がよく出てきます.

$$\Delta f, \quad df$$

Δf も df も共に微小変化のことを表していますが,Δf と df とでは少し雰囲気が異なります.

次の図を見てみましょう.$y=f(x)$ のグラフです.

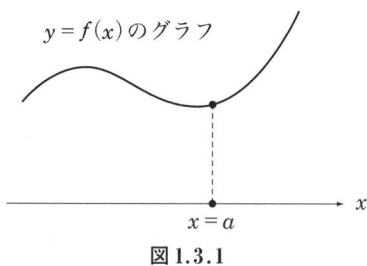

図 1.3.1

$x=a$ で接線を引くと……

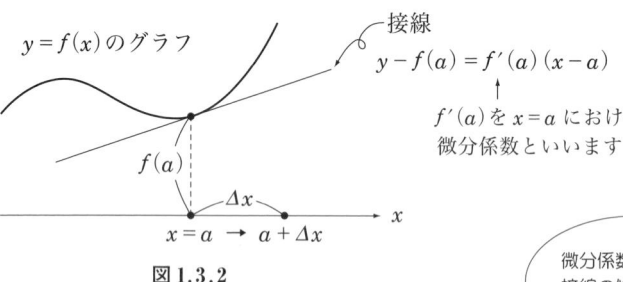

図 1.3.2

次に,Δx だけ,a を右へ移動してみると……

$x = a + \Delta x$ 上の 3 点 A, B, C を次の図のようにとります．

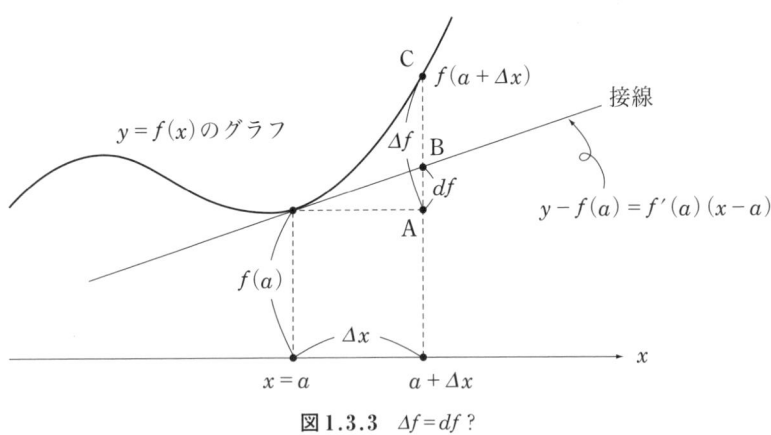

図 1.3.3 $\Delta f = df$?

この図において，Δf は CA のことです．
つまり，Δf は $f(x)$ の変化量

$$\Delta f = f(a + \Delta x) - f(a) \qquad \Leftarrow \Delta f = \text{CA}$$

のことです．

それに対し，df は BA のことです．
つまり，df の方は $x = a$ における接線の変化量のことで

$$df = f'(a) \cdot \Delta x \qquad \Leftarrow df = \text{BA}$$

となります．

もちろん，Δx が 0 に近づくと，Δf と df の差はなくなるので

$$\Delta f = df$$

となります．

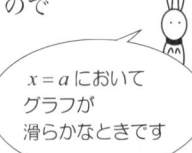

$x = a$ において
グラフが
滑らかなときです

以上のことから，関数 $f(x)$ が微分可能なとき……

微分の定義

df を関数 $f(x)$ の **微分** といいます．
Δf を関数 $f(x)$ の **変化量** といいます．

---

§1.3 "微分" のはなし

関数 $f(x)$ が $x=a$ で"微分可能でない"ときはどのようになるのでしょうか？
関数 $f(x)$ が $x=a$ で微分不可能なときにも，Δf は
$$\Delta f = f(a+\Delta x) - f(a)$$
と定義できますが，df の方は $f'(a)$ が存在しないので
$$df = f'(a) \cdot \Delta x$$
を定義できません．

テイラー展開のところでわかりますが，微分可能のときは，Δf と df の差は
$$\Delta f - df = \frac{f''(a)}{2!}(\Delta x)^2 + \frac{f'''(a)}{3!}(\Delta x)^3 + \cdots \qquad \text{☞ p.36}$$
のように，Δx の2次や3次の項になっています．Δx を0に近づけると，$(\Delta x)^2$ や $(\Delta x)^3$ などは急速に0になってしまって
$$\Delta f = df$$
となるわけですね！

例1. $f(x) = x^2$ の場合の Δf と df

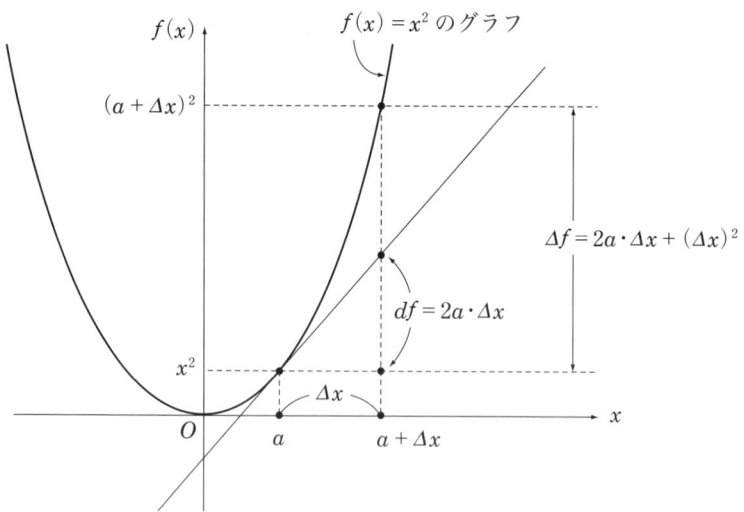

図 1.3.4

例 2. $g(x) = e^x$ の場合の Δg と dg

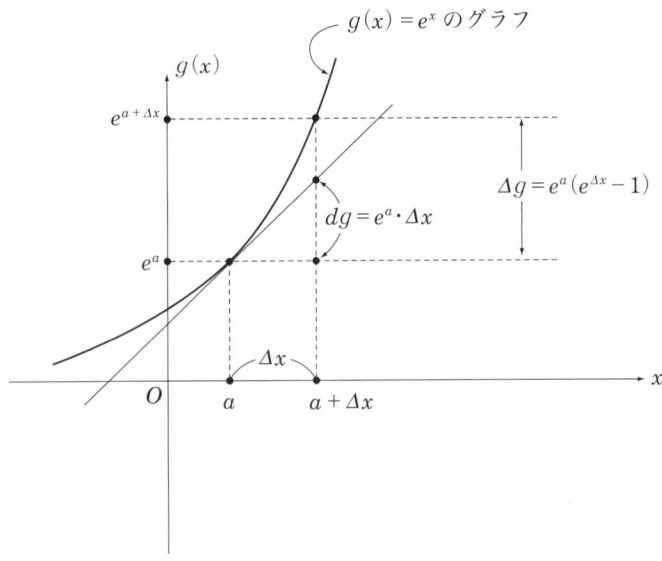

図 1.3.5

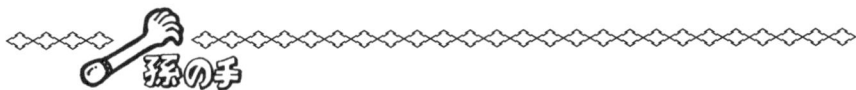

$df = f'(a) \cdot \Delta x$ のことを $df = f'(a)dx$ と表現したり

$$\left. \frac{df}{dx} \right|_{x=a} = f'(a)$$

のように表すこともあります．

独立変数 x については，つねに

$$\Delta x = dx$$

です!!

§1.4 合成関数の導関数

合成関数というのは，たとえば
$$\sin(2x+3)$$
のような関数のことです．つまり，2つの基本的な関数
$$f(x) = 2x+3 \quad \text{と} \quad g(X) = \sin X$$
が合成されてつくられた関数 $(g \circ f)(x)$ のことです．

といっても
$$(g \circ f)(x) = \sin(2x+3) \quad \text{と} \quad (f \circ g)(x) = 2(\sin x)+3$$
は，まったく別の関数です．

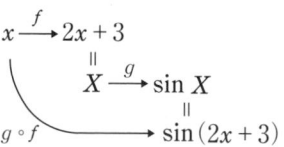

$(g \circ f)(x) = \sin(2x+3)$ について

$$\begin{array}{c}
x \xrightarrow{f} 2x+3 \\
 \quad \| \\
 \quad X \xrightarrow{g} \sin X \\
 \qquad\qquad \| \\
g \circ f \qquad\qquad \sin(2x+3)
\end{array}$$

$(f \circ g)(x) = 2(\sin x)+3$ について

$$\begin{array}{c}
x \xrightarrow{g} \sin x \\
 \quad \| \\
 \quad X \xrightarrow{f} 2X+3 \\
 \qquad\qquad \| \\
f \circ g \qquad\qquad 2(\sin x)+3
\end{array}$$

ところで，合成関数の導関数は次の公式を使って求めましょう．

合成関数の導関数の公式

$$x \longrightarrow f(x) = X \longrightarrow g(X) = (g \circ f)(x)$$
このとき
$$(g \circ f)'(x) = g'(X) \cdot f'(x)$$

↑『よくわかる微分積分』p.24

例題 1.3 次の合成関数の導関数を求めましょう.
$$\sin(2x+3)$$

解答
$$f(x) = 2x + 3, \quad g(X) = \sin X$$
とおくと
$$f'(x) = 2, \quad g'(X) = \cos X$$
なので
$$\begin{aligned}(g \circ f)'(x) &= g'(X) \cdot f'(x) \\ &= \cos X \cdot 2 \\ &= 2\cos(2x+3)\end{aligned}$$

演習 1.3 次の合成関数の導関数を求めてください.
$$e^{4x+5}$$

解答
$$f(x) = 4x + 5, \quad g(X) = e^X$$
とおくと
$$f'(x) = \boxed{}, \quad g'(X) = \boxed{}$$
なので
$$\begin{aligned}(g \circ f)'(x) &= g'(X) \cdot f'(x) \\ &= \boxed{} \cdot \boxed{} \\ &= \boxed{} e^{\boxed{}x + \boxed{}}\end{aligned}$$

【答】$4e^{4x+5}$

§1.4 合成関数の導関数

§1.5　合成関数の"微分"

合成関数

$$x \xrightarrow{f} f(x) = X \xrightarrow{g} g(X) = (g \circ f)(x)$$

において，$f(x)$ の微分は df，$g(X)$ の微分は dg ですから

$$df = f'(x) \cdot \Delta x$$
$$dg = g'(X) \cdot \Delta X$$

となります.

$X = f(x)$ なので

$$\Delta X = \Delta f$$

なのですが，Δx が 0 に近づくと

$$dX = \Delta X = \Delta f = df$$

になりますから，
合成関数の "微分" は

$$d(g \circ f) = g'(X) \cdot f'(x) \cdot \Delta x$$

となります.
　たとえば……

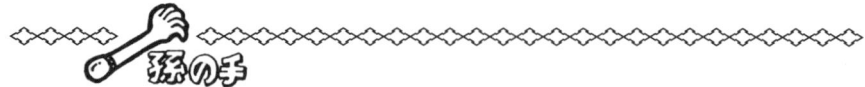

合成関数を $x \longrightarrow y \longrightarrow z$ とすれば

$$\frac{dz}{dx} = \frac{dz}{dy} \cdot \frac{dy}{dx}$$

と表すこともあります.

合成関数 e^{x^2+3} の場合

$$f(x) = x^2+3, \quad g(X) = e^X$$

の"微分"はそれぞれ　　　　　　　　　　　　　　　　　　　　　← $(x^2)' = 2x$

$$df = 2x \cdot \Delta x, \quad dg = e^X \cdot \Delta X$$　　← $(e^x)' = e^x$

です．

したがって，$\Delta X = df$ に注意すれば，合成関数の微分は

$$\begin{aligned} d(g \circ f) &= e^X \cdot 2x \cdot \Delta x \\ &= 2xe^{x^2+3} \cdot \Delta x \end{aligned}$$

となります．図で表せば……

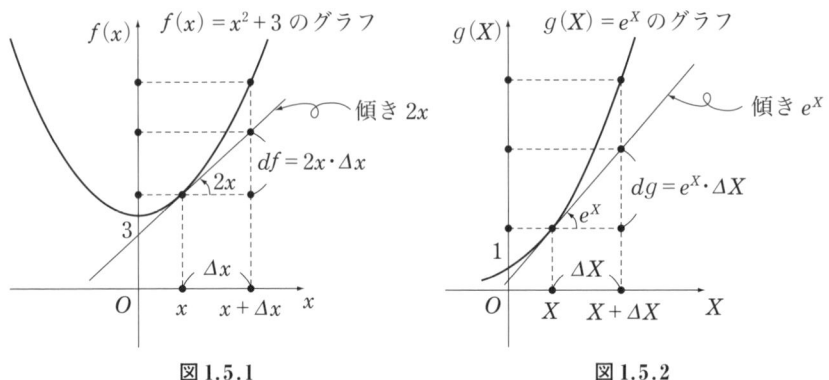

図 1.5.1　　　　　　　　図 1.5.2

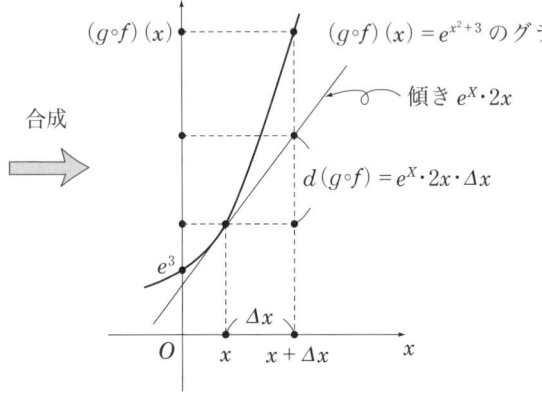

図 1.5.3

§1.5　合成関数の"微分"

§1.6 高階導関数

次の関数の導関数を求めてみましょう．
$$(x^3)' = 3x^2$$
ところが，この導関数はさらに微分することができます．
$$(3x^2)' = 6x$$
つまり，

$$x^3 \xrightarrow{\text{微分する}} 3x^2 \xrightarrow{\text{微分する}} 6x$$
$$\text{2回微分する}$$

のように，導関数の導関数を求めることができるのです．

これを 2 階導関数といいます．

2 階導関数，3 階導関数，……をまとめて，**高階導関数**といいます．

高階導関数の記号

$$\text{導関数} \cdots\cdots f'(x),\ \frac{d}{dx}f(x),\ \frac{df}{dx}$$

$$2\text{ 階導関数} \cdots\cdots f''(x),\ \frac{d^2}{dx^2}f(x),\ \frac{d^2f}{dx^2}$$

$$3\text{ 階導関数} \cdots\cdots f'''(x),\ \frac{d^3}{dx^3}f(x),\ \frac{d^3f}{dx^3}$$

$$\vdots$$

$$n\text{ 階導関数} \cdots\cdots f^{(n)}(x),\ \frac{d^n}{dx^n}f(x),\ \frac{d^nf}{dx^n}$$

🔼『よくわかる微分積分』p.40

例題 1.4 次の関数の 2 階導関数を求めましょう．
$$f(x) = \sin(2x+3)$$

解答 x で微分すると
$$f'(x) = 2\cos(2x+3)$$
となります．もう一度，x で微分すると
$$f''(x) = (2\cos(2x+3))'$$
$$= 2\cdot 2\cdot\{-\sin(2x+3)\}$$
$$= -4\sin(2x+3)$$
となります．

演習 1.4 次の関数の 2 階導関数を求めてください．
$$g(x) = e^{4x+5}$$

解答 x で微分すると
$$\frac{dg}{dx} = \boxed{}\, e^{4x+5}$$
となりますから，続けて，もう一度 x で微分すると
$$\frac{d^2g}{dx^2} = \boxed{}\cdot\boxed{}\, e^{4x+5}$$
$$= \boxed{}\, e^{4x+5}$$
となります．

【答】$16e^{4x+5}$

§1.7　2変数関数の偏導関数

2変数関数 $f(x, y)$ の偏導関数の考え方は，1変数関数の導関数の考え方とほとんど同じです．

2つの変数 x, y それぞれに対して，導関数が考えられますから

2変数関数 $f(x, y)$ の偏導関数 $\begin{cases} x \text{ の偏導関数 } \dfrac{\partial}{\partial x} f(x, y) \\ y \text{ の偏導関数 } \dfrac{\partial}{\partial y} f(x, y) \end{cases}$

となります．

このことは，次の図を見てもすぐに気付くでしょう．

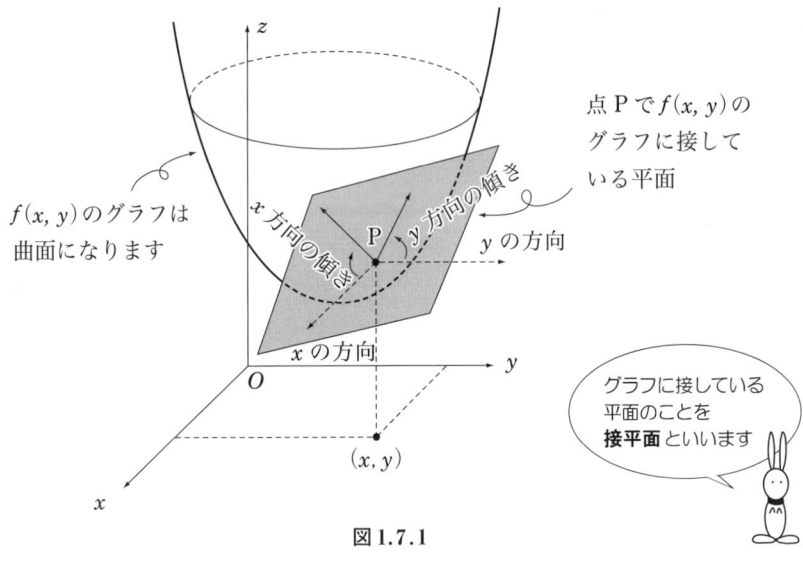

図 1.7.1

このように2変数関数 $f(x, y)$ の場合，ある点の接線の傾きを考えようとすると

x 方向の傾き，　y 方向の傾き

がどうしても必要になります．そこで……

x 方向の導関数を x の**偏導関数**といい

$$f_x(x,y), \quad \frac{\partial}{\partial x}f(x,y), \quad \frac{\partial f}{\partial x}$$

で表します.

y 方向の導関数を y の**偏導関数**といい

$$f_y(x,y), \quad \frac{\partial}{\partial y}f(x,y), \quad \frac{\partial f}{\partial y}$$

で表します.

∂ は "ラウンド ディ" と読みます

◐『よくわかる微分積分』p.165

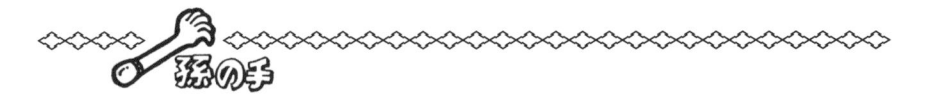

孫の手

座標には**右手系**と**左手系**とがあります.

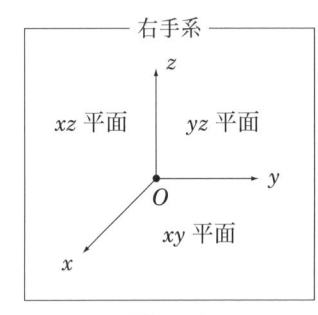

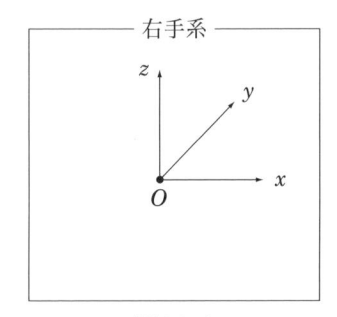

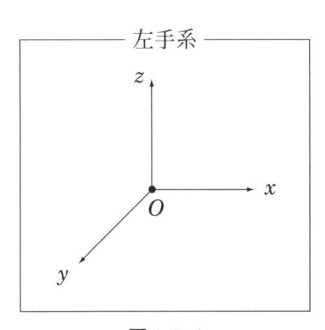

図 1.7.2 （右手系）

図 1.7.3 （右手系）

図 1.7.4 （左手系）

§1.7 2 変数関数の偏導関数

例題 1.5 次の関数の偏導関数を求めましょう.
$$f(x, y) = 3x^2 + 5xy + 7y^2$$

解答 x の偏導関数を求めるときは,残りの変数 y を定数とみなして,x で微分します.

$$\begin{aligned}\frac{\partial}{\partial x} f(x, y) &= (3x^2 + 5xy + 7y^2)' \\ &= 3 \cdot 2x^1 + 5 \cdot 1y + 0 \\ &= 6x + 5y\end{aligned}$$

$(x^2)' = 2x$
$(x)' = 1$
(定数)$' = 0$

y の偏導関数を求めるときは,残りの変数 x を定数とみなして,y で微分します.

$$\begin{aligned}\frac{\partial}{\partial y} f(x, y) &= (3x^2 + 5xy + 7y^2)' \\ &= 0 + 5x \cdot 1 + 7 \cdot 2y^1 \\ &= 5x + 14y\end{aligned}$$

演習 1.5 次の関数の偏導関数を求めてください．
 (1) $g(x,y) = e^{3x+5y}$ (2) $h(x,y) = \sin(3x+5y)$

解答
(1) x の偏導関数 $g_x(x,y)$ を求めるときは，y を定数と思って，x で微分しますから
$$g_x(x,y) = \boxed{} e^{3x+5y}$$
y の偏導関数 $g_y(x,y)$ を求めるときは，x を定数と思って，y で微分しますから
$$g_y(x,y) = \boxed{} e^{3x+5y}$$

(2) x の偏導関数 $\dfrac{\partial}{\partial x} h(x,y)$，$y$ の偏導関数 $\dfrac{\partial}{\partial y} h(x,y)$ をそれぞれ求めると
$$\frac{\partial}{\partial x} h(x,y) = \frac{\partial}{\partial x}(\sin(3x+5y))$$
$$= \boxed{} \cos(3x+5y)$$
$$\frac{\partial}{\partial y} h(x,y) = \frac{\partial}{\partial y}(\sin(3x+5y))$$
$$= \boxed{} \cos(3x+5y)$$
となります．

【答】 (1) $g_x(x,y) = 3e^{3x+5y}$，$g_y(x,y) = 5e^{3x+5y}$
 (2) $\dfrac{\partial}{\partial x} h(x,y) = 3\cos(3x+5y)$，$\dfrac{\partial}{\partial y} h(x,y) = 5\cos(3x+5y)$

§1.8 2変数関数の"微分"

"2変数関数 $f(x,y)$ を微分する"という表現はありません.

2変数関数 $f(x,y)$ の場合,

"2変数関数を x で偏微分する"または"2変数関数を y で偏微分する"

となります.

ところが,1変数関数 $f(x)$ の変化量 Δf や,$f(x)$ の微分 df については,そのまま2変数関数に一般化することができるのです.

次の図を見てみましょう.

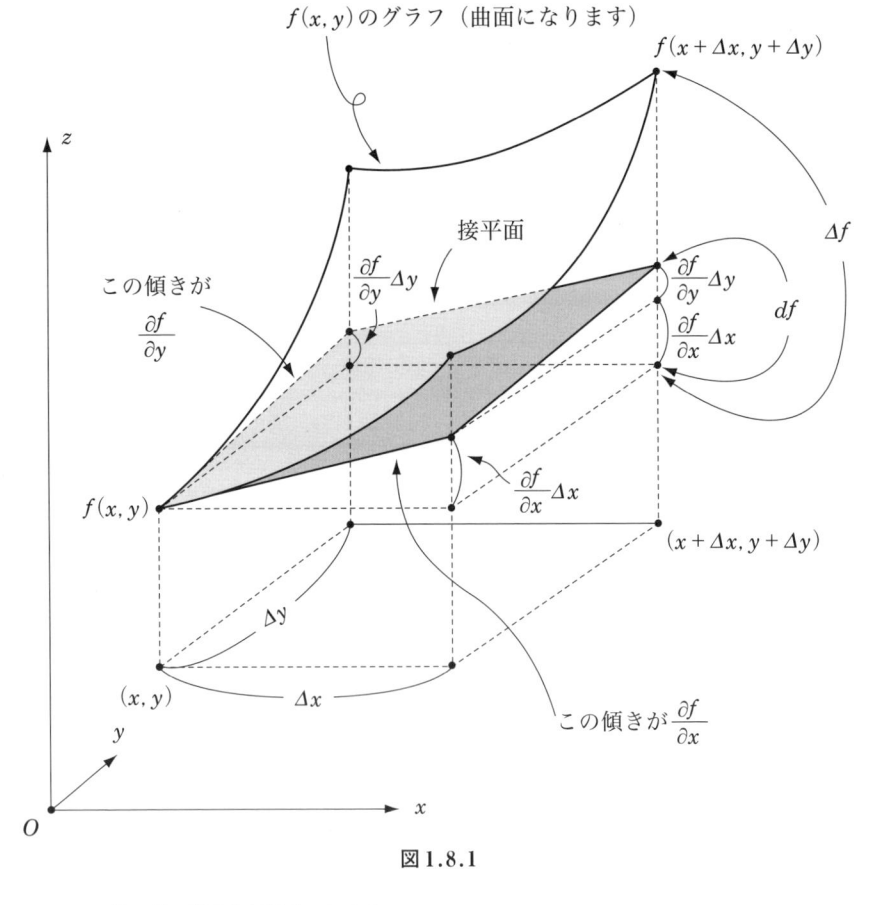

図1.8.1

このように，2変数関数の場合も，1変数関数のときと同じように

$$\Delta f = f(x+\Delta x, y+\Delta y) - f(x,y)$$

$$df = \frac{\partial f}{\partial x}\cdot\Delta x + \frac{\partial f}{\partial y}\cdot\Delta y$$

となります．

Δx と Δy を，それぞれ 0 に近づけると ← $f(x,y)$ が滑らかな曲面の場合

$$\Delta f = df$$

となります．このとき

$$df = \frac{\partial f}{\partial x}dx + \frac{\partial f}{\partial y}dy \qquad \Leftarrow x \text{ と } y \text{ は独立変数なので}$$
$$\Delta x = dx, \; \Delta y = dy$$

と表します．

表 1.8.1

1 変数関数	2 変数関数
"微分する" $\dfrac{d}{dx}f(x)$	"x で偏微分する" $\dfrac{\partial}{\partial x}f(x,y)$ "y で偏微分する" $\dfrac{\partial}{\partial y}f(x,y)$
"微分" $df = \dfrac{df}{dx}\cdot dx$	"微分" $df = \dfrac{\partial f}{\partial x}\cdot dx + \dfrac{\partial f}{\partial y}\cdot dy$

この微分 df のことを**全微分**ともいいます

§1.8 2変数関数の"微分"

§1.9 合成関数の"偏導関数"

合成関数の偏導関数の公式：その1

合成関数
$$t \longrightarrow (x, y) \longrightarrow z$$
における導関数は
$$\frac{dz}{dt} = \frac{\partial z}{\partial x} \cdot \frac{dx}{dt} + \frac{\partial z}{\partial y} \cdot \frac{dy}{dt}$$
となります。

⬆ 『よくわかる微分積分』p.184

例1.

$$t \longrightarrow (x, y) \longrightarrow z = f(x, y)$$

$$\begin{cases} x = \cos t \\ y = \sin t \end{cases} \qquad f(x, y) = \log(2x + 3y)$$

このとき

$$\begin{cases} \dfrac{dx}{dt} = -\sin t \\ \dfrac{dy}{dt} = \cos t \end{cases} \qquad \begin{cases} \dfrac{\partial f}{\partial x} = \dfrac{2}{2x + 3y} \\ \dfrac{\partial f}{\partial y} = \dfrac{3}{2x + 3y} \end{cases}$$

となります。

したがって，合成関数の導関数は

$$\begin{aligned}
\frac{df}{dt} &= \frac{\partial f}{\partial x} \cdot \frac{dx}{dt} + \frac{\partial f}{\partial y} \cdot \frac{dy}{dt} \\
&= \frac{2}{2x + 3y} \cdot (-\sin t) + \frac{3}{2x + 3y} \cdot \cos t \\
&= \frac{-2 \sin t + 3 \cos t}{2 \cos t + 3 \sin t}
\end{aligned}$$

となります。

合成関数の偏導関数の公式：その2

合成関数
$$(u, v) \longrightarrow (x, y) \longrightarrow z$$
における導関数は
$$\begin{cases} \dfrac{\partial z}{\partial u} = \dfrac{\partial z}{\partial x} \cdot \dfrac{\partial x}{\partial u} + \dfrac{\partial z}{\partial y} \cdot \dfrac{\partial y}{\partial u} \\ \dfrac{\partial z}{\partial v} = \dfrac{\partial z}{\partial x} \cdot \dfrac{\partial x}{\partial v} + \dfrac{\partial z}{\partial y} \cdot \dfrac{\partial y}{\partial v} \end{cases}$$
となります。

↑『よくわかる微分積分』p.187

例2.

$$(u, v) \longrightarrow (x, y) \longrightarrow z = f(x, y)$$
$$\begin{cases} x = 2u + 3v \\ y = uv \end{cases} \qquad f(x, y) = e^{xy}$$

このとき

$$\begin{cases} \dfrac{\partial x}{\partial u} = 2 & \dfrac{\partial y}{\partial u} = v \\ \dfrac{\partial x}{\partial v} = 3 & \dfrac{\partial y}{\partial v} = u \end{cases} \qquad \begin{cases} \dfrac{\partial f}{\partial x} = ye^{xy} \\ \dfrac{\partial f}{\partial y} = xe^{xy} \end{cases}$$

となりますから，

合成関数の偏導関数は

$$\begin{aligned}\dfrac{\partial f}{\partial u} &= \dfrac{\partial f}{\partial x} \cdot \dfrac{\partial x}{\partial u} + \dfrac{\partial f}{\partial y} \cdot \dfrac{\partial y}{\partial u} \\ &= ye^{xy} \cdot 2 + xe^{xy} \cdot v \\ &= (2y + xv)e^{xy} \\ &= (4uv + 3v^2)e^{(2u+3v)uv}\end{aligned} \qquad \begin{aligned}\dfrac{\partial f}{\partial v} &= \dfrac{\partial f}{\partial x} \cdot \dfrac{\partial x}{\partial v} + \dfrac{\partial f}{\partial y} \cdot \dfrac{\partial y}{\partial v} \\ &= ye^{xy} \cdot 3 + xe^{xy} \cdot u \\ &= (3y + xu)e^{xy} \\ &= (6uv + 2u^2)e^{(2u+3v)uv}\end{aligned}$$

となります。

§1.10　2変数関数の高階偏導関数

1変数関数と異なって，2変数関数 $f(x,y)$ では高階偏導関数はとてもややこしくなります．というのも

$$
\begin{array}{c}
\text{1次の偏導関数} \quad\quad \text{2次の偏導関数} \quad\quad \text{3次の偏導関数}
\end{array}
$$

$$
f(x,y)
\begin{cases}
\dfrac{\partial}{\partial x}f(x,y)
\begin{cases}
\dfrac{\partial^2}{\partial x^2}f(x,y)
\begin{cases}
\dfrac{\partial^3}{\partial x^3}f(x,y) \\
\dfrac{\partial^3}{\partial y\partial x^2}f(x,y)
\end{cases} \\
\dfrac{\partial^2}{\partial y\partial x}f(x,y)
\begin{cases}
\dfrac{\partial^3}{\partial x\partial y\partial x}f(x,y) \\
\dfrac{\partial^3}{\partial y^2\partial x}f(x,y)
\end{cases}
\end{cases} \\
\dfrac{\partial}{\partial y}f(x,y)
\begin{cases}
\dfrac{\partial^2}{\partial x\partial y}f(x,y)
\begin{cases}
\dfrac{\partial^3}{\partial x^2\partial y}f(x,y) \\
\dfrac{\partial^3}{\partial y\partial x\partial y}f(x,y)
\end{cases} \\
\dfrac{\partial^2}{\partial y^2}f(x,y)
\begin{cases}
\dfrac{\partial^3}{\partial x\partial y^2}f(x,y) \\
\dfrac{\partial^3}{\partial y^3}f(x,y)
\end{cases}
\end{cases}
\end{cases}
$$

のように，次々と高階偏導関数が増えてゆきます．

でも……

高階偏導関数の求め方は"カンタン"です．たとえば

$$
f(x,y)=x^2y^3
\begin{cases}
\dfrac{\partial}{\partial x}f(x,y)=2xy^3
\begin{cases}
\dfrac{\partial^2}{\partial x^2}f(x,y)=2y^3 \\
\dfrac{\partial^2}{\partial y\partial x}f(x,y)=6xy^2
\end{cases} \\
\dfrac{\partial}{\partial y}f(x,y)=3x^2y^2
\begin{cases}
\dfrac{\partial^2}{\partial x\partial y}f(x,y)=6xy^2 \\
\dfrac{\partial^2}{\partial y^2}f(x,y)=6x^2y
\end{cases}
\end{cases}
$$

←①

となります．

◢ 左ページの説明です！

◯『よくわかる微分積分』p.195

←① たいていの関数 $f(x,y)$ は
$$\frac{\partial^2}{\partial x \partial y}f(x,y) = \frac{\partial^2}{\partial y \partial x}f(x,y)$$
が成り立っています．

　つまり
　　　　x で偏微分してから y で偏微分しても
　　　　y で偏微分してから x で偏微分しても
同じ結果になります．

§1.10　2変数関数の高階偏導関数　　29

例題1.6 次の関数の2階偏導関数を求めましょう．
$$f(x,y) = 3x^2 + 5xy + 7y^2$$

解答 はじめに，x の偏導関数と y の偏導関数を求めます．

$$\frac{\partial}{\partial x}f(x,y) = 3\cdot 2x + 5y\cdot 1 + 0 \qquad \frac{\partial}{\partial y}f(x,y) = 0 + 5x\cdot 1 + 7\cdot 2y$$
$$= 6x + 5y \qquad\qquad\qquad = 5x + 14y$$

さらに，x で偏微分すると……

$$\frac{\partial^2}{\partial x^2}f(x,y) = \frac{\partial}{\partial x}\left\{\frac{\partial}{\partial x}f(x,y)\right\} = \frac{\partial}{\partial x}\{6x + 5y\} = 6 + 0 = 6$$

$$\frac{\partial^2}{\partial x \partial y}f(x,y) = \frac{\partial}{\partial x}\left\{\frac{\partial}{\partial y}f(x,y)\right\} = \frac{\partial}{\partial x}\{5x + 14y\} = 5 + 0 = 5$$

こんどは，y で偏微分すると……

$$\frac{\partial^2}{\partial y \partial x}f(x,y) = \frac{\partial}{\partial y}\left\{\frac{\partial}{\partial x}f(x,y)\right\} = \frac{\partial}{\partial y}\{6x + 5y\} = 0 + 5 = 5$$

$$\frac{\partial^2}{\partial y^2}f(x,y) = \frac{\partial}{\partial y}\left\{\frac{\partial}{\partial y}f(x,y)\right\} = \frac{\partial}{\partial y}\{5x + 14y\} = 0 + 14 = 14$$

したがって

$$\frac{\partial^2}{\partial x^2}f(x,y) = 6, \qquad \frac{\partial^2}{\partial x \partial y}f(x,y) = 5$$

$$\frac{\partial^2}{\partial y \partial x}f(x,y) = 5, \qquad \frac{\partial^2}{\partial y^2}f(x,y) = 14$$

演習 1.6 次の関数の 2 階偏導関数を求めてください．
$$g(x,y) = e^{x^2 y^3}$$

解答 はじめに，x の偏導関数と y の偏導関数を求めます．

$$\frac{\partial}{\partial x}g(x,y) = \boxed{} e^{x^2y^3}, \quad \frac{\partial}{\partial y}g(x,y) = \boxed{} e^{x^2y^3}$$

続いて，x で偏微分すると……

$$\frac{\partial}{\partial x}\left\{\frac{\partial}{\partial x}g(x,y)\right\} = \frac{\partial}{\partial x}\left\{\boxed{} e^{x^2y^3}\right\} = \boxed{} e^{x^2y^3} + \boxed{} e^{x^2y^3}$$

$$\frac{\partial}{\partial x}\left\{\frac{\partial}{\partial y}g(x,y)\right\} = \frac{\partial}{\partial x}\left\{\boxed{} e^{x^2y^3}\right\} = \boxed{} e^{x^2y^3} + \boxed{} e^{x^2y^3}$$

さらに y で偏微分すると

$$\frac{\partial}{\partial y}\left\{\frac{\partial}{\partial x}g(x,y)\right\} = \frac{\partial}{\partial y}\left\{2x \cdot y^3 \cdot e^{x^2y^3}\right\} = \boxed{} e^{x^2y^3} + \boxed{} e^{x^2y^3}$$

$$\frac{\partial}{\partial y}\left\{\frac{\partial}{\partial y}g(x,y)\right\} = \frac{\partial}{\partial y}\left\{x^2 \cdot 3y^2 \cdot e^{x^2y^3}\right\} = \boxed{} e^{x^2y^3} + \boxed{} e^{x^2y^3}$$

したがって，

$$\frac{\partial^2}{\partial x^2}g(x,y) = (\boxed{} + \boxed{})e^{x^2y^3}, \quad \frac{\partial^2}{\partial x \partial y}g(x,y) = (\boxed{} + \boxed{})e^{x^2y^3}$$

$$\frac{\partial^2}{\partial y \partial x}g(x,y) = (\boxed{} + \boxed{})e^{x^2y^3}, \quad \frac{\partial^2}{\partial y^2}g(x,y) = (\boxed{} + \boxed{})e^{x^2y^3}$$

【答】 $\dfrac{\partial^2 g}{\partial x^2} = (2y^3 + 4x^2y^6)e^{x^2y^3}$, $\dfrac{\partial^2 g}{\partial x \partial y} = \dfrac{\partial^2 g}{\partial y \partial x} = (6xy^2 + 6x^3y^5)e^{x^2y^3}$,

$\dfrac{\partial^2 g}{\partial y^2} = (6x^2y + 9x^4y^4)e^{x^2y^3}$

§1.10 2 変数関数の高階偏導関数

Column 乱数のつくり方（1）

Excel を使って，乱数をつくりましょう．

手順 1 A1 のセルをクリック．

手順 2 ［数式］⇒ ［fx 関数の挿入］⇒ ［数学/三角］⇒ ［RAND］を選択．

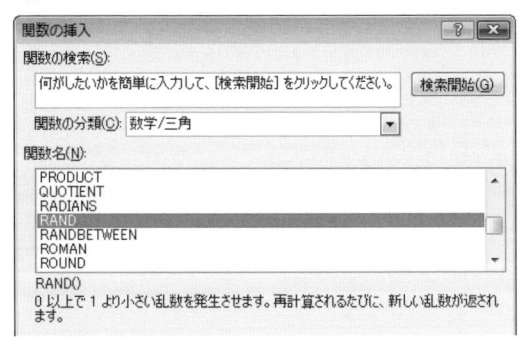

手順 3 次の画面になったら，そのまま［OK］．

手順 4 A1 のセルに乱数 0.790179 が 1 個発生しました．

☞ p.44 へつづく

♦第❷章♦

テイラー級数展開をすると……

§2.1 テイラー級数展開の裏ワザ

次のような式を**テイラー級数展開**といいます．

$$f(x) = f(0) + \frac{f'(0)}{1!}x + \frac{f''(0)}{2!}x^2 + \frac{f'''(0)}{3!}x^3 + \frac{f^{(4)}(0)}{4!}x^4 + \cdots \quad \Longleftarrow ①$$

ただし，$\begin{cases} f'(0) \text{ は，} f(x) \text{の} x=0 \text{における微分係数} \\ f''(0) \text{は，} f(x) \text{の} x=0 \text{における 2 階微分係数} \\ f'''(0) \text{は，} f(x) \text{の} x=0 \text{における 3 階微分係数} \end{cases}$

このテイラー級数展開は何を表しているのでしょうか？

たとえば，次の関数

$$f(x) = 7x^4 - 11x^3 + 5x^2 - 3x + 8 \quad \rightarrow f(0) = 8$$

について考えてみましょう．

x で微分すると……

<u>高階導関数</u>　　　　　　　　　　　　<u>高階微分係数</u>

$f'(x) = 7 \cdot 4x^3 + (-11) \cdot 3x^2 + 5 \cdot 2x - 3 \quad \rightarrow \quad f'(0) = -3$

$f''(x) = 7 \cdot 4 \cdot 3x^2 + (-11) \cdot 3 \cdot 2x + 5 \cdot 2 \cdot 1 \quad \rightarrow \quad f''(0) = 5 \cdot 2 \cdot 1 = 5 \cdot 2!$

$f'''(x) = 7 \cdot 4 \cdot 3 \cdot 2x + (-11) \cdot 3 \cdot 2 \cdot 1 \quad \rightarrow \quad f'''(0) = (-11) \cdot 3!$

$f^{(4)}(x) = 7 \cdot 4 \cdot 3 \cdot 2 \cdot 1 \quad \rightarrow \quad f^{(4)}(0) = 7 \cdot 4 \cdot 3 \cdot 2 \cdot 1 = 7 \cdot 4!$

$f^{(5)}(x) = 0 \quad \rightarrow \quad f^{(5)}(0) = 0$

ということは，$f(x)$ の係数

$$7, \quad -11, \quad 5, \quad -3, \quad 8$$

と，高階微分係数

$$f^{(4)}(0), \quad f'''(0), \quad f''(0), \quad f'(0), \quad f(0)$$

との関係は

$$7 = \frac{f^{(4)}(0)}{4!}, \quad -11 = \frac{f'''(0)}{3!}, \quad 5 = \frac{f''(0)}{2!}, \quad -3 = \frac{f'(0)}{1!}, \quad 8 = f(0)$$

になっています．つまり……

左ページの説明です！

← ① $x=0$ のところで展開しているので，**マクローリン展開**ともいいます．

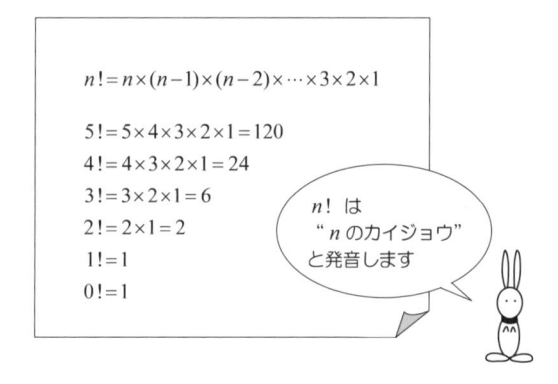

$$n! = n \times (n-1) \times (n-2) \times \cdots \times 3 \times 2 \times 1$$

$$5! = 5 \times 4 \times 3 \times 2 \times 1 = 120$$
$$4! = 4 \times 3 \times 2 \times 1 = 24$$
$$3! = 3 \times 2 \times 1 = 6$$
$$2! = 2 \times 1 = 2$$
$$1! = 1$$
$$0! = 1$$

$n!$ は
"n のカイジョウ"
と発音します

関数 $f(x)$ は

$$f(x) = 7x^4 - 11x^3 + 5x^2 - 3x + 8$$
$$= \frac{f^{(4)}(0)}{4!}x^4 + \frac{f'''(0)}{3!}x^3 + \frac{f''(0)}{2!}x^2 + \frac{f'(0)}{1!}x + f(0)$$

のように，高階導関数を利用して，表現することができるのです．

　　　　"$x = 0$ の近くでテイラー級数展開をしている"

という点を強調したいときには

$$f(0+x) = f(0) + \frac{f'(0)}{1!}x + \frac{f''(0)}{2!}x^2 + \frac{f'''(0)}{3!}x^3 + \frac{f^{(4)}(0)}{4!}x^4$$

のように表現します．したがって，

　　　　"$x = a$ の近くでテイラー級数展開をしたい"

ときには，次のようになります．

テイラーの定理：その1

関数 $f(x)$ が点 $x = a$ の近くで何回でも微分可能なら

$$f(a+h) = f(a) + \frac{f'(a)}{1!} \cdot (a+h-a) + \frac{f''(a)}{2!} \cdot (a+h-a)^2$$
$$+ \frac{f'''(a)}{3!} \cdot (a+h-a)^3 + \cdots$$

が成り立ちます．

➡『よくわかる微分積分』p.52

このテイラーの定理を，関数 $f(x)$ の変化量 Δf で表現すると……

$$\Delta f = \frac{f'(x)}{1!} \cdot \Delta x + \frac{f''(x)}{2!} \cdot (\Delta x)^2 + \frac{f'''(x)}{3!} \cdot (\Delta x)^3 + \cdots \quad \leftarrow ①$$

次の Δf と df を比較すると，p.11 の図の意味がよくわかりますネ!!

$$\Delta f = \frac{df}{dx} \cdot \Delta x + \frac{1}{2!}\frac{d^2 f}{dx^2} \cdot (\Delta x)^2 + \frac{1}{3!}\frac{d^3 f}{dx^3} \cdot (\Delta x)^3 + \cdots$$
$$df = \frac{df}{dx} \cdot \Delta x \quad \leftarrow ②$$

左ページの説明です！

←①　$a = x$,　$a + h = x + \Delta x$　とおくと

$$f(x + \Delta x) = f(x) + \frac{f'(x)}{1!}(x + \Delta x - x) + \frac{f''(x)}{2!}(x + \Delta x - x)^2$$

$$+ \frac{f'''(x)}{3!}(x + \Delta x - x)^3 + \cdots$$

ここで $f(x)$ を左辺に移動すると

$$f(x + \Delta x) - f(x) = \frac{f'(x)}{1!}\Delta x + \frac{f''(x)}{2!}(\Delta x)^2 + \frac{f'''(x)}{3!}(\Delta x)^3 + \cdots$$

$$\Delta f = \frac{f'(x)}{1!}\Delta x + \frac{f''(x)}{2!}(\Delta x)^2 + \frac{f'''(x)}{3!}(\Delta x)^3 + \cdots$$

←②　関数 $f(x)$ のときは

$$\Delta f \ \ と \ \ df$$

は異なった意味で使われますが，独立変数 x においては

$$\Delta x \ \ と \ \ dx$$

は同じ意味です．ただし，気持ちとしては次のような感じですね．

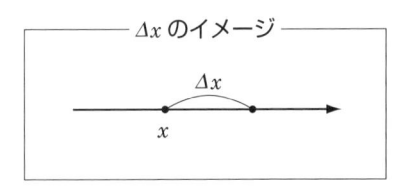

図 2.1.1　Δx のイメージ

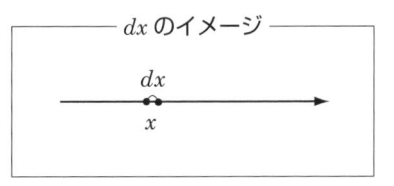

図 2.1.2　dx のイメージ

§2.1　テイラー級数展開の裏ワザ

重要な関数についての，テイラー級数展開は次のようになります．

テイラー展開の公式（マクローリン展開）

$$\sin x = x - \frac{1}{3!}x^3 + \frac{1}{5!}x^5 - \frac{1}{7!}x^7 + \cdots + \frac{(-1)^{m+1}}{(2m-1)!}x^{2m-1} + \cdots$$

$$\log(1+x) = x - \frac{1}{2}x^2 + \frac{1}{3}x^3 + \cdots + \frac{(-1)^{n-2}}{n-1}x^{n-1} + \cdots$$

$$\log x = 2\left\{\left(\frac{x-1}{x+1}\right) + \frac{1}{3}\left(\frac{x-1}{x+1}\right)^3 + \frac{1}{5}\left(\frac{x-1}{x+1}\right)^5 + \cdots\right\}$$

$$\frac{1}{1+x} = 1 - x + x^2 - x^3 + x^4 + \cdots$$

$$\frac{1}{(1+x)^2} = 1 - 2x + 3x^2 - 4x^3 + 5x^4 + \cdots$$

ところで，次の級数の公式は，金融・証券の分野では特に大切です*!!*

等差級数の公式

$$a + (a+d) + (a+2d) + \cdots + \{a+(n-1)d\} = \frac{n\{2a+(n-1)d\}}{2}$$

等比級数の公式

$$a + ar + ar^2 + \cdots + ar^{n-1} = \frac{a(1-r^n)}{1-r}$$

$$a + ar + ar^2 + \cdots = \frac{a}{1-r} \quad (-1 < r < 1)$$

$+\cdots$ は**無限級数**です

無限級数の場合収束・発散という概念が重要になります

その他の公式 1

$$a + (a+d)r + (a+2d)r^2 + \cdots + (a+(n-1)d)r^{n-1}$$
$$= \frac{a(1-r^n)}{1-r} + \frac{rd(1-nr^{n-1}+(n-1)r^n)}{(1-r)^2}$$

$$a + (a+d)r + (a+2d)r^2 + \cdots$$
$$= \frac{a}{1-r} + \frac{rd}{(1-r)^2} \qquad (-1 < r < 1)$$

その他の公式 2

$$\sin\alpha + \sin 2\alpha + \cdots + \sin n\alpha = \frac{\sin\left(\frac{n+1}{2}\alpha\right)\sin\frac{n\alpha}{2}}{\sin\frac{\alpha}{2}}$$

$$r\sin\alpha + r^2\sin 2\alpha + \cdots + \cdots = \frac{r\sin\alpha}{1-2r\cos\alpha + r^2} \qquad (-1 < r < 1)$$

その他の公式 3

$$1 + 2 + 3 + \cdots + n = \frac{n(n+1)}{2}$$

$$1^2 + 2^2 + 3^2 + \cdots + n^2 = \frac{n(n+1)(2n+1)}{6}$$

$$1^3 + 2^3 + 3^3 + \cdots + n^3 = \frac{n^2(n+1)^2}{4}$$

> **例題 2.1** 次の関数 $f(x)$ を $x=0$ において，テイラー展開しましょう．
> $$f(x) = e^x$$

解答 関数 $f(x)$ の高階導関数を求めます．

$$f(x) = e^x$$
$$f'(x) = e^x$$
$$f''(x) = e^x$$
$$f'''(x) = e^x$$
$$\vdots$$

$x=0$ を代入します．

$$f(0) = e^0 = 1$$
$$f'(0) = e^0 = 1$$
$$f''(0) = e^0 = 1$$
$$f'''(0) = e^0 = 1$$
$$\vdots$$

したがって

$$f(x) = f(0) + \frac{f'(0)}{1!}x + \frac{f''(0)}{2!}x^2 + \frac{f'''(0)}{3!}x^3 + \cdots$$

$$e^x = 1 + \frac{1}{1!}x + \frac{1}{2!}x^2 + \frac{1}{3!}x^3 + \cdots$$

となります．

演習 2.1 次の関数 $g(x)$ を $x=0$ において，テイラー展開してください．
$$g(x) = \cos x$$

解答 関数 $g(x)$ の高階導関数を求めます．

$g(x) = \boxed{}$

$g'(x) = \boxed{}$

$g''(x) = \boxed{}$

$g'''(x) = \boxed{}$

$\vdots$

$x=0$ を代入すると……

$g(0) = \boxed{} = \boxed{}$

$g'(0) = \boxed{} = \boxed{}$

$g''(0) = \boxed{} = \boxed{}$

$g'''(0) = \boxed{} = \boxed{}$

$\vdots$

したがって，

$$g(x) = g(0) + \frac{g'(0)}{1!}x + \frac{g''(0)}{2!}x^2 + \frac{g'''(0)}{3!}x^3 + \cdots$$

$$\cos x = \boxed{} + \frac{\boxed{}}{1!}x + \frac{\boxed{}}{2!}x^2 + \frac{\boxed{}}{3!}x^3 + \cdots$$

$$= \boxed{} - \frac{\boxed{}}{2!}x^2 + \cdots$$

となります．

⬆ 『よくわかる微分積分』p.57
（より詳しい解説）

【答】 $\cos x = 1 - \dfrac{1}{2!}x^2 + \cdots$

§2.1 テイラー級数展開の裏ワザ

§2.2　2変数関数のテイラー級数展開について

2変数関数になると，テイラー級数展開は少し複雑になりますが，基本的には1変数関数のときと同じです．

テイラーの定理：その2

関数 $f(x, y)$ が，点 (a, b) のまわりで何回も偏微分可能ならば

$$f(a+h, b+k) = f(a, b)$$
$$+ \frac{1}{1!} \left\{ \frac{\partial f}{\partial x}(a, b) \cdot (a+h-a) + \frac{\partial f}{\partial y}(a, b) \cdot (b+k-b) \right\}$$
$$+ \frac{1}{2!} \left\{ \frac{\partial^2 f}{\partial x^2}(a, b) \cdot (a+h-a)^2 \right.$$
$$+ 2 \frac{\partial^2 f}{\partial x \partial y}(a, b) \cdot (a+h-a) \cdot (b+k-b)$$
$$\left. + \frac{\partial^2 f}{\partial y^2}(a, b) \cdot (b+k-b)^2 \right\}$$
$$+ \frac{1}{3!} \left\{ \frac{\partial^3 f}{\partial x^3}(a, b) \cdot (a+h-a)^3 + \cdots \right.$$

が成り立ちます．

このテイラー展開を関数の変化量 Δf で表現すると

$$\Delta f = \frac{1}{1!} \left\{ \frac{\partial f}{\partial x}(x, y) \cdot \Delta x + \frac{\partial f}{\partial y}(x, y) \cdot \Delta y \right\} \qquad \leftarrow ①$$
$$+ \frac{1}{2!} \left\{ \frac{\partial^2 f}{\partial x^2}(x, y) \cdot (\Delta x)^2 + 2 \frac{\partial^2 f}{\partial x \partial y}(x, y) \cdot \Delta x \cdot \Delta y + \frac{\partial^2 f}{\partial y^2}(x, y) \cdot (\Delta y)^2 \right\}$$
$$+ \frac{1}{3!} \left\{ \frac{\partial^3 f}{\partial x^3}(x, y) \cdot (\Delta x)^3 + \cdots \right.$$

となります．関数の微分 df で表現すると，次のようになります．

$$df = \frac{\partial}{\partial x} f(x, y) \cdot \Delta x + \frac{\partial}{\partial y} f(x, y) \cdot \Delta y \qquad \leftarrow ②$$

左ページの説明です！

◯『よくわかる微分積分』p.209

←①　$a = x$, $b = y$, $a + h = x + \Delta x$, $b + k = y + \Delta y$ とおくと

$f(x + \Delta x, y + \Delta y)$
$= f(x, y) + \dfrac{1}{1!}\left\{\dfrac{\partial f}{\partial x}(x, y) \cdot \Delta x + \dfrac{\partial f}{\partial y}(x, y) \cdot \Delta y\right\}$
$+ \dfrac{1}{2!}\left\{\dfrac{\partial^2 f}{\partial x^2}(x, y) \cdot (\Delta x)^2 + 2\dfrac{\partial^2 f}{\partial x \partial y}(x, y) \cdot \Delta x \cdot \Delta y + \dfrac{\partial^2 f}{\partial y^2}(x, y) \cdot (\Delta y)^2\right\}$
$+ \dfrac{1}{3!}\left\{\dfrac{\partial^3 f}{\partial x^3}(x, y) \cdot (\Delta x)^3 + \cdots\right.$

そこで，$f(x, y)$ を左辺に移動すると

$f(x + \Delta x, y + \Delta y) - f(x, y)$
$= \dfrac{1}{1!}\left\{\dfrac{\partial f}{\partial x}(x, y) \cdot \Delta x + \dfrac{\partial f}{\partial y}(x, y) \cdot \Delta y\right\}$
$+ \dfrac{1}{2!}\left\{\dfrac{\partial^2 f}{\partial x^2}(x, y) \cdot (\Delta x)^2 + 2\dfrac{\partial^2 f}{\partial x \partial y}(x, y) \cdot \Delta x \cdot \Delta y + \dfrac{\partial^2 f}{\partial y^2}(x, y) \cdot (\Delta y)^2\right\}$
$+ \dfrac{1}{3!}\left\{\dfrac{\partial^3 f}{\partial x^3}(x, y) \cdot (\Delta x)^3 + \cdots\right.$

←②　x と y は独立変数なので

$$\Delta x = dx, \quad \Delta y = dy$$

です．したがって

$$df = \dfrac{\partial f}{\partial x} \cdot dx + \dfrac{\partial f}{\partial y} \cdot dy$$

となります．

§2.2　2変数関数のテイラー級数展開について

Column 乱数のつくり方（2）

☞ p.32 のつづき

手順 5　A1 のセルを [コピー] したら，A2 から A100 までドラッグ．

手順 6　[貼り付け] をします．

乱数が 100 個発生しました．

> 乱数が 100 個発生しました！
> 乱数の範囲は 0～1 の間です

☞ p.66 へつづく

◆第３章◆

積分と無限積分のはなし

§3.1 積分を理解するための裏ワザ

積分には

定積分，　不定積分

の，2つの概念があります．この概念は

定積分　⟷　面積・体積
不定積分　⟷　微分方程式

のように，対応しています．

定積分について

それでは，面積や体積を表す定積分とは，どのようなものなのでしょうか？関数 $f(x)=x^2$ のグラフの面積を考えてみましょう．

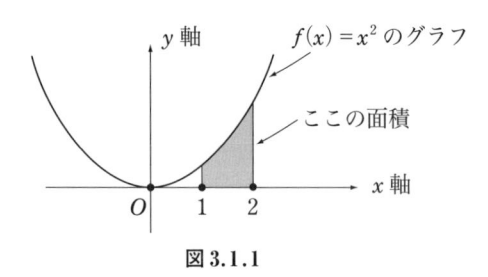

図 3.1.1

このように，関数のグラフの面積とは，関数 $f(x)=x^2$ のグラフと x 軸とで囲まれている部分です．

この部分の面積は積分の記号を用いると

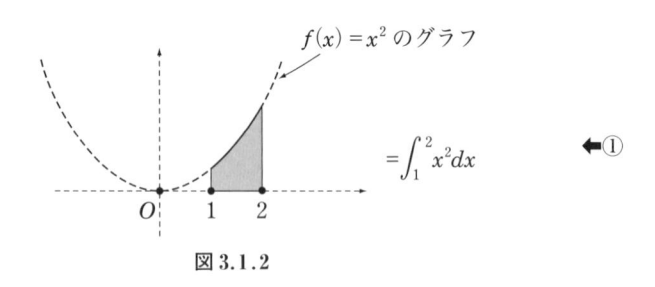

$$= \int_1^2 x^2 dx \quad \leftarrow ①$$

図 3.1.2

のようになります．　　　　　　　　　　　○『よくわかる微分積分』p. 97

▲ 左ページの説明です！

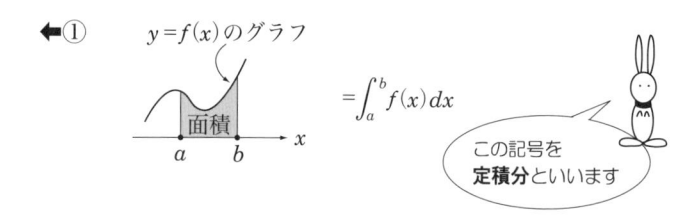

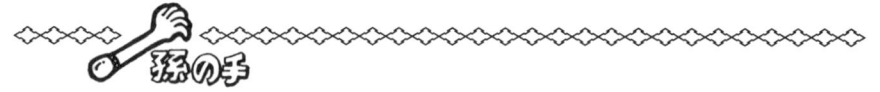

← ①　$y = f(x)$ のグラフ

面積 $= \int_a^b f(x)\,dx$

この記号を**定積分**といいます

統計的推定・統計的検定のときによく登場するのが，次の標準正規分布 $N(0,1)$ の数表です．

数表 1. 標準正規分布の値

z	0.00	0.01	0.02	0.03	0.04	0.05
0.0	0.5000	0.5040	0.5080	0.5120	0.5160	0.5199
0.1	0.5398	0.5438	0.5478	0.5517	0.5557	0.5596
⋮	⋮	⋮	⋮	⋮	⋮	⋮
⋮	⋮	⋮	⋮	⋮	⋮	⋮
1.0	0.8413	0.8438	0.8461	0.8485	0.8508	0.8531
1.1	0.8643	0.8665	0.8686	0.8708	0.8729	0.8749
1.2	0.8849	0.8869	0.8888	0.8907	0.8925	0.8944
1.3	0.9032	0.9049	0.9066	0.9082	0.9099	0.9115
1.4	0.9192	0.9207	0.9222	0.9236	0.9251	0.9265
1.5	0.9332	0.9345	0.9357	0.9370	0.9382	0.9394
⋮	⋮	⋮	⋮	⋮	⋮	⋮
⋮	⋮	⋮	⋮	⋮	⋮	⋮

たとえば，$z = 1.23$ のとき数表の値は 0.8907 になっていますが，これは

$$\int_{-\infty}^{1.23} \frac{1}{\sqrt{2\pi}} e^{-\frac{z^2}{2}} dz = 0.8907$$

面積 0.8907

のことです．この場合，"面積"と"確率"は同じ意味になります．

不定積分について

次の記号を関数 $f(x)$ の**不定積分**といいます．

$$\int f(x)\,dx$$

つまり，定積分の記号から a と b の部分が抜け落ちたものです．

たとえば，関数 $f(x) = x^2$ の場合

$$\int x^2\,dx$$

となります．この正体は

$$\int x^2\,dx = \frac{1}{3}x^3 + C \qquad (C：任意定数)$$

です．右辺を x で微分してみましょう．

$$\left(\frac{1}{3}x^3 + C\right)' = \frac{1}{3} \cdot 3x^2$$
$$= x^2$$

←①

です．

　つまり，不定積分とは

$$\int f(x)\,dx = \text{"微分すると } f(x) \text{ になる関数"}$$

←②

のことです．

　このことから，"積分をする" ことと，"微分をする" こととは

$$f'(x) \xleftarrow{\text{微分する}} 関数 f(x) \xrightarrow{\text{積分する}} \int f(x)\,dx$$

のように，互いに逆の方向を示しています．

　不定積分の求め方は

1. 公式を利用する　　　　　　　　　　　　　　←③
2. 変数変換を利用する　　　　　　　　　　　　←④
3. 部分積分法を利用する　　　　　　　　　　　←⑤

などがあります．

（C は積分定数ともよばれます）

◢ 左ページの説明です！

←① 微分をするとき，′ という記号をつかいます．
たとえば，$(x^2)' = 2x$ となります．

←② 変数分離形の微分方程式の解のことです． ◐『すぐわかる微分方程式』p.14

←③ ── 不定積分の公式 ──

(1) $\int x^a dx = \dfrac{1}{a+1} x^{a+1} + C \quad (a \neq -1)$

$\int x^{-1} dx = \int \dfrac{1}{x} dx = \log x + C$

(2) $\int e^{ax} dx = \dfrac{1}{a} e^{ax} + C \quad (a \neq 0)$

(3) $\int \sin x\, dx = -\cos x + C, \quad \int \cos x\, dx = \sin x + C$

(4) $\int \dfrac{f'(x)}{f(x)} dx = \log\{f(x)\} + C$

(5) 略……とてもたくさんあって，書ききれません!!

←④ ── 積分の変数変換 ──

$\int f(x) dx = \int f(x(t)) \cdot x'(t)\, dt$

⬆『よくわかる微分積分』p.103

←⑤ ── 部分積分法 ──

$\int f'(x) \cdot g(x)\, dx = f(x) \cdot g(x) - \int f(x) \cdot g'(x)\, dx$

⬆『よくわかる微分積分』p.109

§3.1 積分を理解するための裏ワザ

例題 3.1 次の関数の不定積分を求めましょう．

(1) $\displaystyle\int \frac{1}{2x}\,dx$　　　　(2) $\displaystyle\int x\cdot\cos(\pi x)\,dx$

解答

(1) 定数倍は積分記号の外へ出します．

$$\int \frac{1}{2x}\,dx = \frac{1}{2}\int \frac{1}{x}\,dx$$

ところが，積分の公式集をながめていると

$$\int \frac{1}{x}\,dx = \log x + C \quad\quad \text{☞ p.49}$$

とありますから

$$\int \frac{1}{2x}\,dx = \frac{1}{2}(\log x + C)$$

となります．C は積分定数です．

(2) 部分積分法を使います．

$$\int f'(x)\cdot g(x)\,dx = f(x)\cdot g(x) - \int f(x)\cdot g'(x)\,dx$$

$$\int \cos(\pi x)\cdot x\,dx = \int \left(\frac{\sin(\pi x)}{\pi}\right)'\cdot x\cdot dx$$

$$= \frac{\sin(\pi x)}{\pi}\cdot x - \int \frac{\sin(\pi x)}{\pi}\cdot(x)'\,dx$$

$$= \frac{\sin(\pi x)}{\pi}\cdot x - \frac{1}{\pi}\int \sin(\pi x)\,dx$$

$$= \frac{\sin(\pi x)}{\pi}\cdot x - \frac{1}{\pi}\left\{\frac{-\cos(\pi x)}{\pi} + C\right\} \quad \text{☞ p.49}$$

$$= \frac{1}{\pi}\left\{\sin(\pi x)\cdot x + \frac{\cos(\pi x)}{\pi} - C\right\}$$

C は積分定数

演習 3.1 次の関数の不定積分を求めてください.

(1) $\displaystyle\int \frac{2x}{x^2+4}\,dx$　　　(2) $\displaystyle\int x\cdot\sin(\pi x)\,dx$

解答

(1) $(x^2+4)' = \boxed{}$ に気がつけば，簡単ですね.

$$\int \frac{2x}{x^2+4}\,dx = \int \frac{\left(\boxed{}\right)'}{x^2+4}\,dx = \boxed{} + C \qquad \text{☞ p.49}$$

(2) 部分積分法を利用します.

$$\int f'(x)\cdot g(x)\,dx = f(x)\cdot g(x) - \int f(x)\cdot g'(x)\,dx$$

$$\int \sin(\pi x)\cdot x\,dx = \int \left(\boxed{}\right)'\cdot x\,dx$$

$$= \boxed{}\cdot x - \int \boxed{}\cdot (x)'\,dx$$

$$= \boxed{}\cdot x + \frac{1}{\pi}\int \boxed{}\,dx \qquad \text{☞ p.49}$$

$$= \frac{1}{\pi}\left\{\boxed{}\cdot x + \boxed{} + C\right\}$$

↑『よくわかる微分積分』p.110

> 積分定数 C は人によって付けたり付けなかったりしますが……

> 最近の高校の教科書では積分定数 C を付けています

【答】 (1) $\log(x^2+4)+C$　(2) $\dfrac{1}{\pi}\left\{-\cos(\pi x)\cdot x + \dfrac{\sin(\pi x)}{\pi} + C\right\}$

> **例題 3.2** 次の定積分を求めましょう.
> $$\int_{-1}^{1} x \cdot \cos(\pi x)\, dx$$

解答 定積分を求める前に,不定積分を求めておきます.

$$\int x \cdot \cos(\pi x)\, dx = \frac{1}{\pi}\left\{\sin(\pi x)\cdot x + \frac{1}{\pi}\cos(\pi x) + C\right\} \qquad \text{☞ p.50}$$

次に定積分を求めます.

$$\int_{-1}^{1} x \cdot \cos(\pi x)\, dx = \left[\frac{1}{\pi}\left\{\sin(\pi x)\cdot x + \frac{1}{\pi}\cos(\pi x) + C\right\}\right]_{-1}^{1}$$

$$= \frac{1}{\pi}\left\{\sin(\pi) + \frac{1}{\pi}\cos(\pi) + C\right\}$$

$$\quad - \frac{1}{\pi}\left\{\sin(-\pi) + \frac{1}{\pi}\cos(-\pi) + C\right\}$$

$$= \frac{1}{\pi}\left\{0 - \frac{1}{\pi} + C\right\} - \frac{1}{\pi}\left\{0 - \frac{1}{\pi} + C\right\}$$

$$= 0$$

> このように定積分の場合 結局積分定数は消えてしまいます

演習 3.2 次の定積分を求めてください．
$$\int_{-1}^{1} x \cdot \sin(\pi x)\, dx$$

解答 はじめに，不定積分を求めておきます．

$$\int x \cdot \sin(\pi x)\, dx = \frac{1}{\pi} \boxed{\phantom{-x\cos(\pi x) + \frac{1}{\pi}\sin(\pi x)}} \qquad \text{☞ p.51}$$

次に定積分を求めます．

$$\int_{-1}^{1} x \cdot \sin(\pi x)\, dx = \frac{1}{\pi} \Big[\, \boxed{} \,\Big]_{-1}^{1}$$

$$= \frac{1}{\pi} \boxed{}$$

$$\quad - \frac{1}{\pi} \boxed{}$$

$$= \frac{1}{\pi} \boxed{} - \frac{1}{\pi} \boxed{}$$

$$= \frac{\boxed{}}{\pi}$$

【答】 $\dfrac{2}{\pi}$

§3.2 無限積分は重要です！

無限積分は定積分の一種で，記号で表すと

$$\int_a^{+\infty} f(x)dx, \quad \int_{-\infty}^b f(x)dx, \quad \int_{-\infty}^{+\infty} f(x)dx$$

←①

のようになります．つまり……

積分の範囲が，マイナス無限大 $-\infty$ や，プラス無限大 $+\infty$ にまで広がっているのです．

次の積分も一見，無限積分のように見えますね．

$$\int_0^{+\infty} x^2 dx$$

でも，この無限積分は意味がありません．というのも……

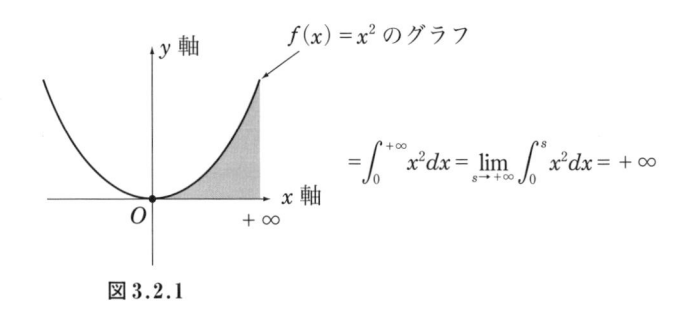

$$= \int_0^{+\infty} x^2 dx = \lim_{s \to +\infty} \int_0^s x^2 dx = +\infty$$

図 3.2.1

この図のように，この面積は無限大に発散してしまいます．

したがって，無限積分の場合には，積分した値の

収束（＝面積確定）

発散（＝面積が無限大）

がとても大切になります*!!*

でも心配はありません． ←②

← ① この無限積分はラプラス変換やフーリエ級数などで，たびたび登場します．

⬆ 『よくわかる微分積分』p.137〜146

無限積分の定義

（イ）$\displaystyle\int_a^{+\infty} f(x)\,dx = \lim_{s \to +\infty} \int_a^s f(x)\,dx$

（ロ）$\displaystyle\int_{-\infty}^b f(x)\,dx = \lim_{t \to -\infty} \int_t^b f(x)\,dx$

← ② 実際には，次のように面積確定の無限積分しか扱いません．

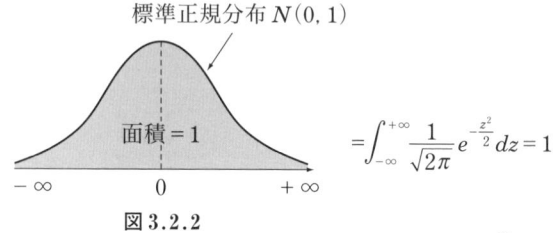

標準正規分布 $N(0,1)$

面積 = 1

$\displaystyle = \int_{-\infty}^{+\infty} \frac{1}{\sqrt{2\pi}} e^{-\frac{z^2}{2}}\,dz = 1$

図 3.2.2

⬆ 『よくわかる微分積分』p.269

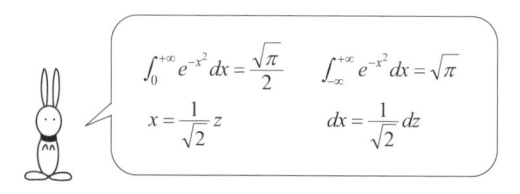

$\displaystyle\int_0^{+\infty} e^{-x^2}\,dx = \frac{\sqrt{\pi}}{2} \qquad \int_{-\infty}^{+\infty} e^{-x^2}\,dx = \sqrt{\pi}$

$\displaystyle x = \frac{1}{\sqrt{2}} z \qquad\qquad dx = \frac{1}{\sqrt{2}} dz$

§3.2 無限積分は重要です！

例題 3.3 次の無限積分を求めましょう.

$$\int_1^{+\infty} \frac{1}{x^2} dx$$

解答 無限積分の定義式から

$$\int_1^{+\infty} \frac{1}{x^2} dx = \lim_{s \to +\infty} \int_1^s \frac{1}{x^2} dx$$

となります.次に $\frac{1}{x^2}$ の不定積分 $-\frac{1}{x}$ を求めて ☞ p.49

$$= \lim_{s \to +\infty} \left[-\frac{1}{x} \right]_1^s$$

とします. $x = s$, $x = -1$ を代入すると

$$= \lim_{s \to +\infty} \left\{ -\frac{1}{s} - \left(-\frac{1}{1} \right) \right\}$$

となりますから,極限をとると

$$= 1$$

になりました.

演習 3.3 次の無限積分を求めてください．

$$\int_0^{+\infty} e^{-x} \cdot \sin x \, dx$$

解答 無限積分の定義式から

$$\int_0^{+\infty} e^{-x} \cdot \sin x \, dx = \lim_{s \to +\infty} \int_{\Box}^{\Box} e^{-x} \cdot \sin x \, dx$$

次に $e^{-x} \cdot \sin x$ の不定積分は

$$\frac{e^{-x}}{2}(-\sin x - \cos x)$$

なので

$$\lim_{s \to +\infty} \int_{\Box}^{\Box} e^{-x} \cdot \sin x \, dx = \lim_{s \to +\infty} \left[\frac{e^{-x}}{2}(-\sin x - \cos x) \right]_{\Box}^{\Box}$$

$x = \Box$，$x = 0$ を代入すると

$$= \lim_{s \to +\infty} \left\{ \frac{e^{-\Box}}{2}(-\sin(\Box) - \cos(\Box)) \right\} - \left\{ \frac{e^{\Box}}{2}(-\sin(\Box) - \cos(\Box)) \right\}$$

$$= 0 - \frac{\Box}{2}(\Box - \Box)$$

$$= \frac{\Box}{2}$$

⬆ 『よくわかる微分積分』p.142
（同じような問題）

【答】$\dfrac{1}{2}$

ところで，金融・証券の分野では，次の標準正規分布 $N(0, 1)$ の確率（＝面積）を求めることはとても重要です．

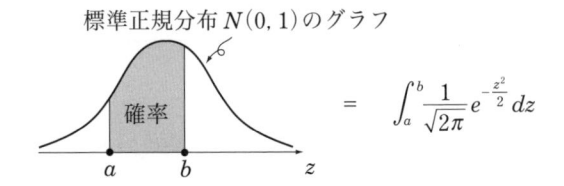

標準正規分布 $N(0, 1)$ のグラフ

確率 $= \int_a^b \frac{1}{\sqrt{2\pi}} e^{-\frac{z^2}{2}} dz$

ところが……

次の定積分の例を見てみましょう．

$$\int_2^3 x^2 dx = \left[\frac{1}{3} x^3\right]_2^3 = \frac{1}{3} 3^3 - \frac{1}{3} 2^3 \qquad \Longleftarrow \int x^2 dx = \frac{1}{3} x^3 + C$$

このように，定積分

$$\int_2^3 x^2 dx$$

を求めるためには，まずその不定積分

$$\int x^2 dx = \frac{1}{3} x^3 + C$$

を求め，その不定積分に 3 と 2 の値をそれぞれ代入しなければなりません．

ところが，残念なことに標準正規分布の不定積分

$$\int \frac{1}{\sqrt{2\pi}} e^{-\frac{z^2}{2}} dz$$

はどのような関数になるのか具体的にわかっていないのです．

したがって，標準正規分布の確率を求めるためには，コンピュータを使って数値計算をするしかありません．　　☞ p.60 〜 61 の数表

金融・証券の本を見ていると

$$N(d)$$

という記号が出てきます．

この $N(d)$ とは一体何なのでしょうか？

---$N(d)$の定義---

$$N(d) = \int_{-\infty}^{d} \frac{1}{\sqrt{2\pi}} e^{-\frac{z^2}{2}} dz = \text{面積 (標準正規分布 } N(0,1) \text{)}$$

つまり，$N(d)$とは

　　　　標準正規分布における$-\infty$からdまでの面積

のことなのです!!

この$N(d)$の値は p.60〜61 のように，すでに

　　　　標準正規分布の数表

の形で求められています．

この数表を利用すると，いろいろな部分の確率を
簡単に求めることができます．　　　　　　　　　　●『入門はじめての統計解析』p.86

たとえば……

(1)
$= N(-1)$
$= 1 - N(1)$

標準正規分布のグラフは
原点 0 を中心に
左右対称です

(2)
$= N(2) - N(-1)$
$= N(2) - (1 - N(1))$

§3.2　無限積分は重要です！

標準正規分布 $N(0, 1)$ の数表

z	0.00	0.01	0.02	0.03
0.0	0.5000	0.5040	0.5080	0.5120
0.1	0.5398	0.5438	0.5478	0.5517
0.2	0.5793	0.5832	0.5871	0.5910
0.3	0.6179	0.6217	0.6255	0.6293
0.4	0.6554	0.6591	0.6628	0.6664
0.5	0.6915	0.6950	0.6985	0.7019
0.6	0.7257	0.7291	0.7324	0.7357
0.7	0.7580	0.7611	0.7642	0.7673
0.8	0.7881	0.7910	0.7939	0.7967
0.9	0.8159	0.8186	0.8212	0.8238
1.0	0.8413	0.8438	0.8461	0.8485
1.1	0.8643	0.8665	0.8686	0.8708
1.2	0.8849	0.8869	0.8888	0.8907
1.3	0.9032	0.9049	0.9066	0.9082
1.4	0.9192	0.9207	0.9222	0.9236
1.5	0.9332	0.9345	0.9357	0.9370
1.6	0.9452	0.9463	0.9474	0.9484
1.7	0.9554	0.9564	0.9573	0.9582
1.8	0.9641	0.9649	0.9656	0.9664
1.9	0.9713	0.9719	0.9726	0.9732
2.0	0.9772	0.9778	0.9783	0.9788
2.1	0.9821	0.9826	0.9830	0.9834
2.2	0.9861	0.9864	0.9868	0.9871
2.3	0.9893	0.9896	0.9898	0.9901
2.4	0.9918	0.9920	0.9922	0.9925
2.5	0.9938	0.9940	0.9941	0.9943
2.6	0.9953	0.9955	0.9956	0.9957
2.7	0.9965	0.9966	0.9967	0.9968
2.8	0.9974	0.9975	0.9976	0.9977
2.9	0.9981	0.9982	0.9982	0.9983
3.0	0.9987	0.9987	0.9987	0.9988

$$N(z) = $$

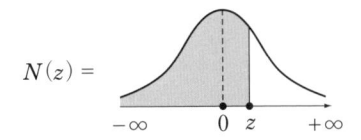

0.04	0.05	0.06	0.07	0.08	0.09
0.5160	0.5199	0.5239	0.5279	0.5319	0.5359
0.5557	0.5596	0.5636	0.5675	0.5714	0.5753
0.5948	0.5987	0.6026	0.6064	0.6103	0.6141
0.6331	0.6368	0.6406	0.6443	0.6480	0.6517
0.6700	0.6736	0.6772	0.6808	0.6844	0.6879
0.7054	0.7088	0.7123	0.7157	0.7190	0.7224
0.7389	0.7422	0.7454	0.7486	0.7517	0.7549
0.7703	0.7734	0.7764	0.7794	0.7823	0.7852
0.7995	0.8023	0.8051	0.8078	0.8106	0.8133
0.8264	0.8289	0.8315	0.8340	0.8365	0.8389
0.8508	0.8531	0.8554	0.8577	0.8599	0.8621
0.8729	0.8749	0.8770	0.8790	0.8810	0.8830
0.8925	0.8944	0.8962	0.8980	0.8997	0.9015
0.9099	0.9115	0.9131	0.9147	0.9162	0.9177
0.9251	0.9265	0.9279	0.9292	0.9306	0.9319
0.9382	0.9394	0.9406	0.9418	0.9429	0.9441
0.9495	0.9505	0.9515	0.9525	0.9535	0.9545
0.9591	0.9599	0.9608	0.9616	0.9625	0.9633
0.9671	0.9678	0.9686	0.9693	0.9699	0.9706
0.9738	0.9744	0.9750	0.9756	0.9761	0.9767
0.9793	0.9798	0.9803	0.9808	0.9812	0.9817
0.9838	0.9842	0.9846	0.9850	0.9854	0.9857
0.9872	0.9878	0.9881	0.9884	0.9887	0.9890
0.9904	0.9906	0.9909	0.9911	0.9913	0.9916
0.9927	0.9929	0.9931	0.9932	0.9934	0.9936
0.9945	0.9946	0.9948	0.9949	0.9951	0.9952
0.9959	0.9960	0.9961	0.9962	0.9963	0.9964
0.9969	0.9970	0.9971	0.9972	0.9973	0.9974
0.9977	0.9978	0.9979	0.9979	0.9980	0.9981
0.9984	0.9984	0.9985	0.9985	0.9986	0.9986
0.9988	0.9989	0.9989	0.9989	0.9990	0.9990

例題 3.4 次の値を求めましょう.

(1) $N(1.37)$

(2) $N(-0.46)$

(3) $\displaystyle\int_{-\infty}^{1.07} \frac{1}{\sqrt{2\pi}} e^{-\frac{z^2}{2}} dz$

(4) $\displaystyle\int_{1}^{2} \frac{1}{\sqrt{2\pi}} e^{-\frac{z^2}{2}} dz$

(5) $\displaystyle\int_{-2}^{+\infty} \frac{1}{\sqrt{2\pi}} e^{-\frac{z^2}{2}} dz$

解答

(1) 標準正規分布の数表から $N(1.37) = 0.9147$

(2)
$$N(-0.46) = \text{（図）} = 1 - N(0.46) = 1 - 0.6772 = 0.3228$$

(3)
$$\int_{-\infty}^{1.07} \frac{1}{\sqrt{2\pi}} e^{-\frac{z^2}{2}} dz = \text{（図）} = N(1.07) = 0.8577$$

(4)
$$\int_{1}^{2} \frac{1}{\sqrt{2\pi}} e^{-\frac{z^2}{2}} dz = \text{（図）} = \text{（図）} - \text{（図）}$$

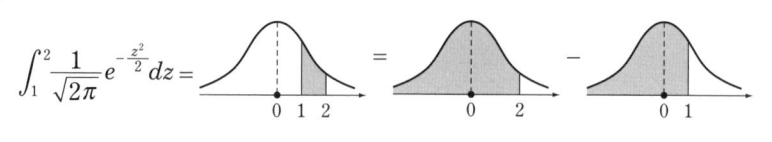

$$= N(2) - N(1) = 0.9772 - 0.8413 = 0.1359$$

(5)
$$\int_{-2}^{+\infty} \frac{1}{\sqrt{2\pi}} e^{-\frac{z^2}{2}} dz = \text{（図）} = \text{（図）} = N(2) = 0.9772$$

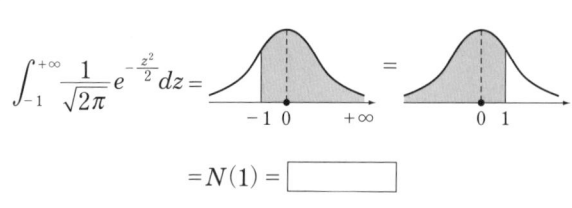

演習 3.4 次の値を求めてください.

(1) $N(2.05)$ (2) $N(-1.73)$

(3) $\int_{-1}^{+\infty} \frac{1}{\sqrt{2\pi}} e^{-\frac{z^2}{2}} dz$ (4) $\int_{-2}^{-1} \frac{1}{\sqrt{2\pi}} e^{-\frac{z^2}{2}} dz$

解答

(1) 標準正規分布の数表から $N(2.05) = \boxed{}$

(2)

$N(-1.73) = $ [図] $= 1 - N(1.73)$

$= 1 - \boxed{} = \boxed{}$

(3)

$\int_{-1}^{+\infty} \frac{1}{\sqrt{2\pi}} e^{-\frac{z^2}{2}} dz = $ [図] $= $ [図]

$= N(1) = \boxed{}$

(4)

$\int_{-2}^{-1} \frac{1}{\sqrt{2\pi}} e^{-\frac{z^2}{2}} dz = $ [図] $= $ [図]

$= $ [図] $- $ [図]

$= N(2) - N(1) = \boxed{} - \boxed{} = \boxed{}$

【答】 (1) 0.9798 (2) 0.0418 (3) 0.8413 (4) 0.1359

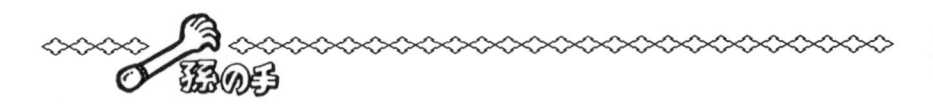

次の無限積分の公式は，どのようにして求められるのでしょうか？

あとで必要になる重要な公式

$$\int_0^{+\infty} e^{-x^2} \cdot \cos(2\alpha x)\,dx = \frac{\sqrt{\pi}}{2} e^{-\alpha^2}$$

はじめに，部分積分を次のように用意しておきます．

$$\int_0^{+\infty} (-2xe^{-x^2}) \cdot \sin(2\alpha x)\,dx = \left[e^{-x^2} \cdot \sin(2\alpha x) \right]_0^{+\infty} - 2\alpha \int_0^{+\infty} e^{-x^2} \cdot \cos(2\alpha x)\,dx$$

そこで

$$f(\alpha) = \int_0^{+\infty} e^{-x^2} \cdot \cos(2\alpha x)\,dx \qquad \cdots ①$$

とおき，$f(\alpha)$ を α で微分すると

$$f'(\alpha) = \int_0^{+\infty} (-2x) \cdot e^{-x^2} \cdot \sin(2\alpha x)\,dx$$

になりますから，はじめの部分積分にこれを代入して

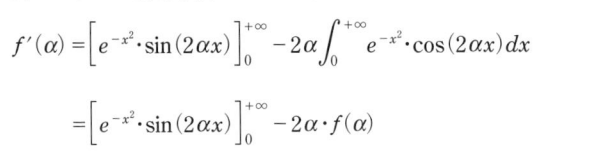

ここでは一様収束の考え方が必要です

$$f'(\alpha) = \left[e^{-x^2} \cdot \sin(2\alpha x) \right]_0^{+\infty} - 2\alpha \int_0^{+\infty} e^{-x^2} \cdot \cos(2\alpha x)\,dx$$

$$= \left[e^{-x^2} \cdot \sin(2\alpha x) \right]_0^{+\infty} - 2\alpha \cdot f(\alpha)$$

ところが

$$\left[e^{-x^2} \cdot \sin(2\alpha x) \right]_0^{+\infty} = \lim_{s \to +\infty} e^{-s^2} \cdot \sin(2\alpha s) - e^{-0^2} \cdot \sin(2 \cdot \alpha \cdot 0)$$

$$= 0$$

ですから

$$f'(\alpha) = -2\alpha \cdot f(\alpha)$$

となることがわかりました．

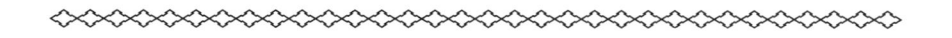

この式は微分方程式なので

$$\frac{f'(\alpha)}{f(\alpha)} = -2\alpha$$

と変形すれば，変数分離形になっています．

したがって，不定積分の公式から　　　　　　　　　　　　☞ p.49

$$\log f(\alpha) = -\alpha^2 + C'$$
$$f(\alpha) = Ce^{-\alpha^2} \quad (C\text{ は積分定数})$$

が求める微分方程式の解です．

特に，①において $\alpha=0$ とおくと

$$f(0) = \int_0^{+\infty} e^{-x^2} \cdot \cos(2\cdot 0 \cdot x)dx = \int_0^{+\infty} e^{-x^2}dx \qquad \leftarrow \cos 0 = 1$$

$$= \frac{\sqrt{\pi}}{2} \qquad\qquad ◯『よくわかる微分積分』p.269$$

なので，積分定数 C は

$$f(0) = C \cdot e^0 = \frac{\sqrt{\pi}}{2}$$

を満たさなければなりません．つまり

$$C = \frac{\sqrt{\pi}}{2} \qquad\qquad \leftarrow e^0 = 1$$

となります．以上のことから，

$$f(\alpha) = \frac{\sqrt{\pi}}{2} e^{-\alpha^2} \qquad\qquad \cdots ②$$

となりました．したがって，①と②から，

$$\int_0^{+\infty} e^{-x^2} \cdot \cos(2\alpha x)dx = \frac{\sqrt{\pi}}{2} e^{-\alpha^2}$$

となることがわかりますね!!

Column 乱数のつくり方 (3)

☞ p.44 のつづき

乱数の動きを −0.5 〜 +0.5 の範囲に変換しましょう．

手順 7　B1 のセルをクリックして，=A1−0.5 と入力します．

	A	B	C	D	E	F	G
1	0.42306	=A1−0.5					
2	0.151532						
3	0.001964						
4	0.518258						
5	0.825441						

手順 8　B1 のセルを［コピー］して，B2 から B100 までドラッグ．

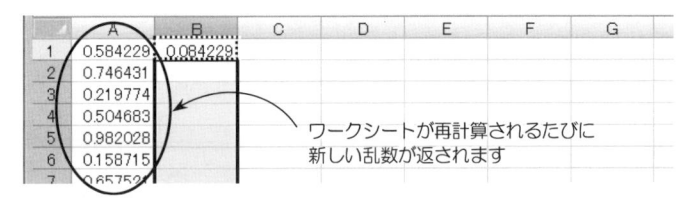

	A	B	C	D	E	F	G
1	0.584229	0.084229					
2	0.746431						
3	0.219774						
4	0.504683						
5	0.982028						
6	0.158715						
7	0.65752						

ワークシートが再計算されるたびに新しい乱数が返されます

手順 9　［貼り付け］をします．

	A	B	C	D	E	F	G
1	0.103772	−0.39623					
2	0.143854	−0.35615					
3	0.776239	0.276239					
4	0.933268	0.433268					
5	0.275244	−0.22476					
6	0.152924	−0.34708					
⋮	⋮	⋮					
94	0.372158	0.12704					
95	0.455298	−0.0447					
96	0.408897	−0.0911					
97	0.160892	−0.33911					
98	0.979018	0.479018					
99	0.110633	−0.38937					
100	0.337582	−0.16242					
101							

乱数の動く範囲が −0.5 〜 +0.5 に変わりました

☞ p.84 へつづく

◆第4章◆

微分方程式の解は公式で与えられています

§4.1 微分方程式を学びましょう！

微分方程式を解く前に，専門用語の説明をしておきましょう．
y が x の1変数関数のとき，

　　　x と y および y の導関数 $y', y'', y''', \cdots$ を含んだ方程式

を**常微分方程式**といいます．

たとえば……

$$y' = 2x + y$$

$$y'' + 3xy' + \log x = e^x$$

$y = f(x)$ ：1変数関数
$z = f(x, y)$ ：2変数関数

次に，z が x と y の2変数関数のとき，

　　　x と y と z および z の偏導関数 $z_x, z_y, z_{xx}, z_{xy}, \cdots$ を含んだ方程式

を**偏微分方程式**といいます．

たとえば……

$$z_x z_y = xy$$

$$\frac{\partial^2 z}{\partial x^2} + \frac{\partial^2 z}{\partial y^2} = 1$$

$y' = \dfrac{dy}{dx}, \ y'' = \dfrac{d^2y}{dx^2}, \ \cdots$
$z_x = \dfrac{\partial z}{\partial x}, \ z_y = \dfrac{\partial z}{\partial y}, \ z_{xy} = \dfrac{\partial^2 z}{\partial y \partial x}, \ \cdots$

常微分方程式，偏微分方程式をまとめて**微分方程式**といいます．

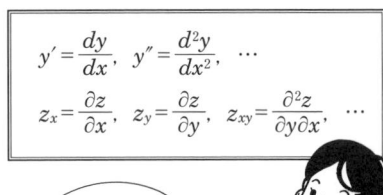

どちらの記号も使います

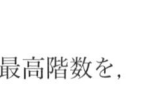

微分方程式において，その中にある導関数の最高階数を，その微分方程式の**階数**といいます．

たとえば……

$y' = 2x + y$	1階の常微分方程式
$y'' + 3xy' + \log x = e^x$	2階の常微分方程式
$\dfrac{\partial^2 z}{\partial x^2} + \dfrac{\partial^2 z}{\partial y^2} = 1$	2階の偏微分方程式

微分方程式をみたす関数のことを，その微分方程式の**解**といい，解を求めることを**解く**といいます．

　いろいろな微分方程式の中で，微分方程式の解がきれいな形で求まるものはきわめて少なく，また解の存在しない微分方程式もあります．

　n 階の常微分方程式で，**任意定数**を n 個持っている解を**一般解**といいます．またそれらの任意定数に，ある特別の値を代入して求まる解を**特殊解**といいます．

　たとえば，次の2階微分方程式を考えてみましょう．
$$y'' - 3y' + 2y = 0 \qquad \cdots (*)$$
この方程式の一般解は
$$y = C_1 \cdot e^x + C_2 \cdot e^{2x} \qquad (C_1, C_2 \text{ は任意定数})$$
となります． ☞ p.80

　この任意定数 C_1, C_2 にどのような値を代入しても，すべて（＊）の解となります．たとえば……

(1) $C_1 = 1$, $C_2 = 0$ 　とおくと　 $y = e^x$
(2) $C_1 = 0$, $C_2 = 1$ 　とおくと　 $y = e^{2x}$
(3) $C_1 = 1$, $C_2 = -2$ 　とおくと　 $y = e^x - 2e^{2x}$

したがって，これらの解はすべて（＊）の特殊解になっています（図 4.1.1）．

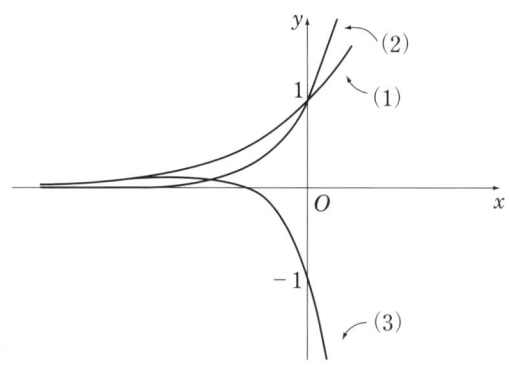

図 4.1.1 $y = C_1 \cdot e^x + C_2 \cdot e^{2x}$ のいろいろな曲線

§4.1　微分方程式を学びましょう！

常微分方程式を解くとき，xのある値におけるyの条件をその微分方程式の**境界条件**（または初期条件）といいます．

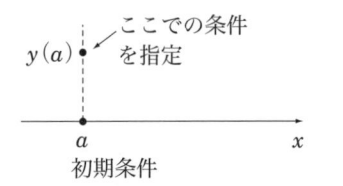

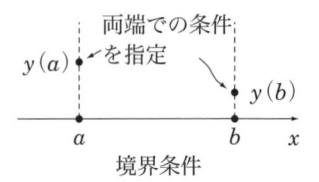

図 4.1.2

たとえば，微分方程式
$$y'' - 3y' + 2y = 0$$
の一般解は
$$y = C_1 \cdot e^x + C_2 \cdot e^{2x} \qquad (C_1, C_2 は任意定数)$$
となりますが，
　　　境界条件　　$y(0) = 0, \quad y'(0) = 1$
を満たす特殊解は
$$y = -e^x + e^{2x}$$
となります（図 4.1.3）．

　　　境界条件　　$y(0) = 1, \quad y(1) = e$
を満たす特殊解は
$$y = e^x$$
となります（図 4.1.4）．

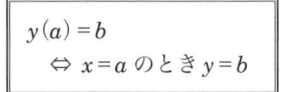

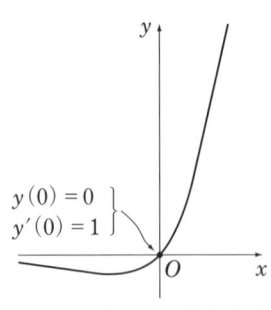

$y(a) = b$
$\Leftrightarrow x = a$ のとき $y = b$

図 4.1.3　境界条件（初期条件）　　　　図 4.1.4　境界条件

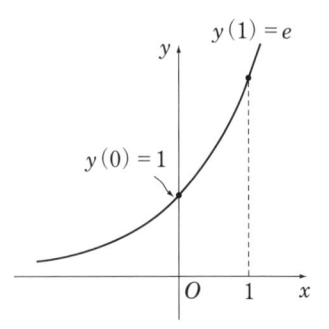

70　第 4 章　微分方程式の解は公式で与えられています

§4.2　よくわかる微分方程式のつくり方

　昔，ある国に16歳になる美しい娘がいました．娘には恋人がいたのですが，彼女の両親はお金に目がくらみ，金持ちの男と結婚させようとしました．しかし結婚式の前日，娘は恋人のことを思いながら自らの命を絶ってしまいました．手には彼女の大好きなコスモスの花が一輪残っていました．
　娘の恋人は，彼女を守ってあげられなかったことを深く悲しみ，彼女が埋められた所に1株のコスモスの苗を植えました．もしこの株が無事に育ち，花を咲かせたら，きっと彼女は安らかに天国で暮らせるにちがいないと思ったのです．そして毎年彼女の死んだ日にここに来て，コスモスの咲き乱れるのを見ながら，彼女が微笑んでいるのを思い描くのでした……

　涙もろい数学おばさんはハンカチで目頭をおさえながら，1株のコスモスがこれだけすばらしいコスモス畑になるには何年かかるのかしら，とK女史に尋ねました．するとK女史はその年数を求める方法を次頁のフローチャートで説明してくれました．彼女の専門は数理生態学といって，植物の生態を数学を使って解明しようとする学問です．

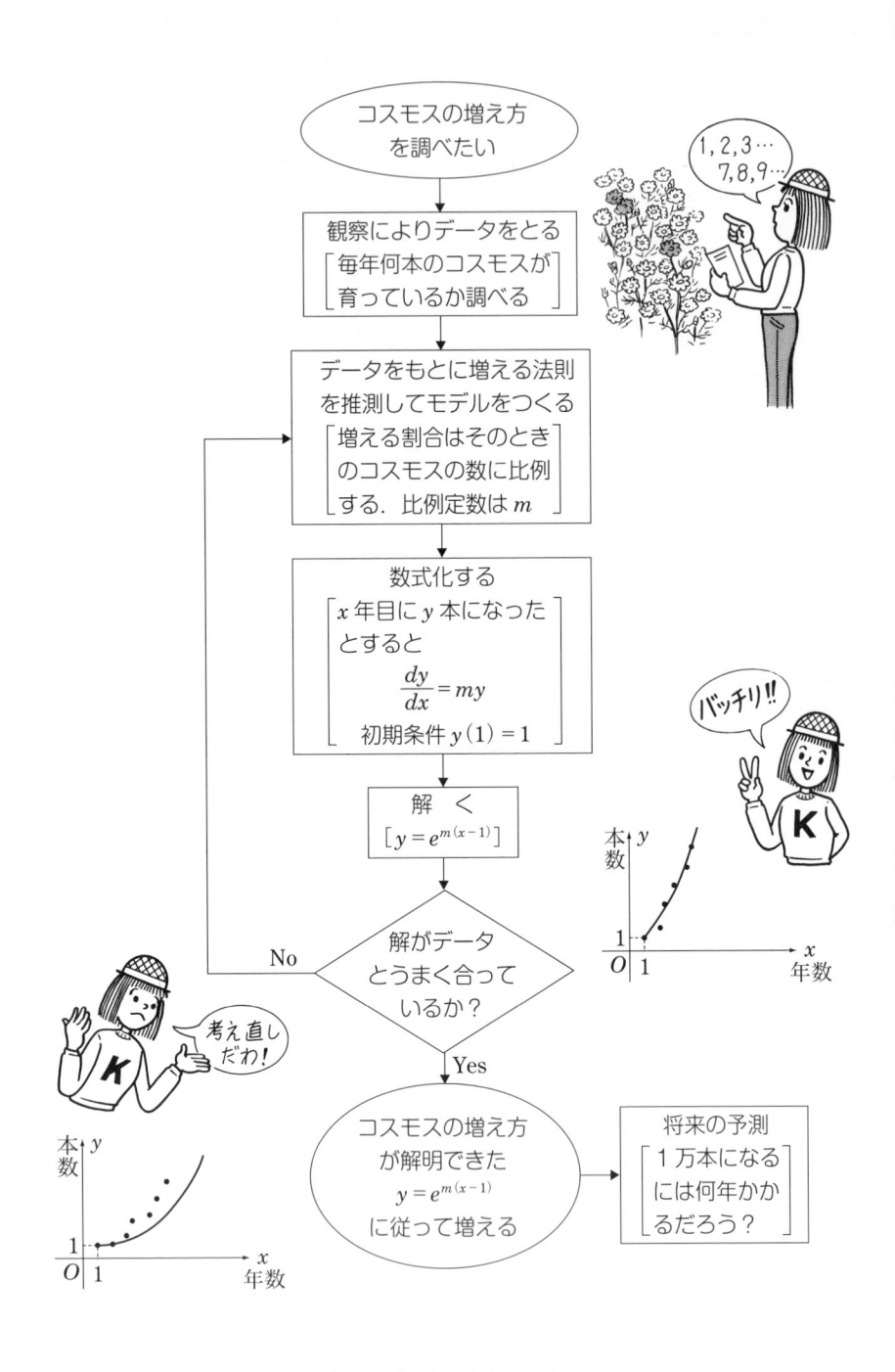

```
┌─────────────────┐
│ コスモスの増え方  │
│ を調べたい      │
└────────┬────────┘
         │                                    1, 2, 3 …
         ▼                                    7, 8, 9 …
┌──────────────────┐
│ 観察によりデータをとる │
│ ［毎年何本のコスモスが│
│  育っているか調べる］│
└────────┬─────────┘
         ▼
┌──────────────────────┐
│ データをもとに増える法則 │
│ を推測してモデルをつくる │
│ ［増える割合はそのとき  │
│  のコスモスの数に比例  │
│  する．比例定数は $m$ ］│
└────────┬─────────────┘
         ▼
┌──────────────────────┐
│ 数式化する             │
│ ［$x$ 年目に $y$ 本になった│
│  とすると              │
│    $\dfrac{dy}{dx} = my$ │
│  初期条件 $y(1) = 1$ ］ │
└────────┬─────────────┘
         ▼
┌──────────────────┐
│ 解く              │
│ ［$y = e^{m(x-1)}$］ │
└────────┬─────────┘
         ▼
      ◇ 解がデータ ◇
      ◇ とうまく合って ◇ ── No ──→（モデル再構築へ）
      ◇ いるか？   ◇
         │ Yes
         ▼
┌──────────────────┐        ┌──────────────┐
│ コスモスの増え方    │        │ 将来の予測     │
│ が解明できた       │ ────→  │［1万本になる    │
│ $y = e^{m(x-1)}$  │        │ には何年かか    │
│ に従って増える      │        │ るだろう？］    │
└──────────────────┘        └──────────────┘
```

72　第 4 章　微分方程式の解は公式で与えられています

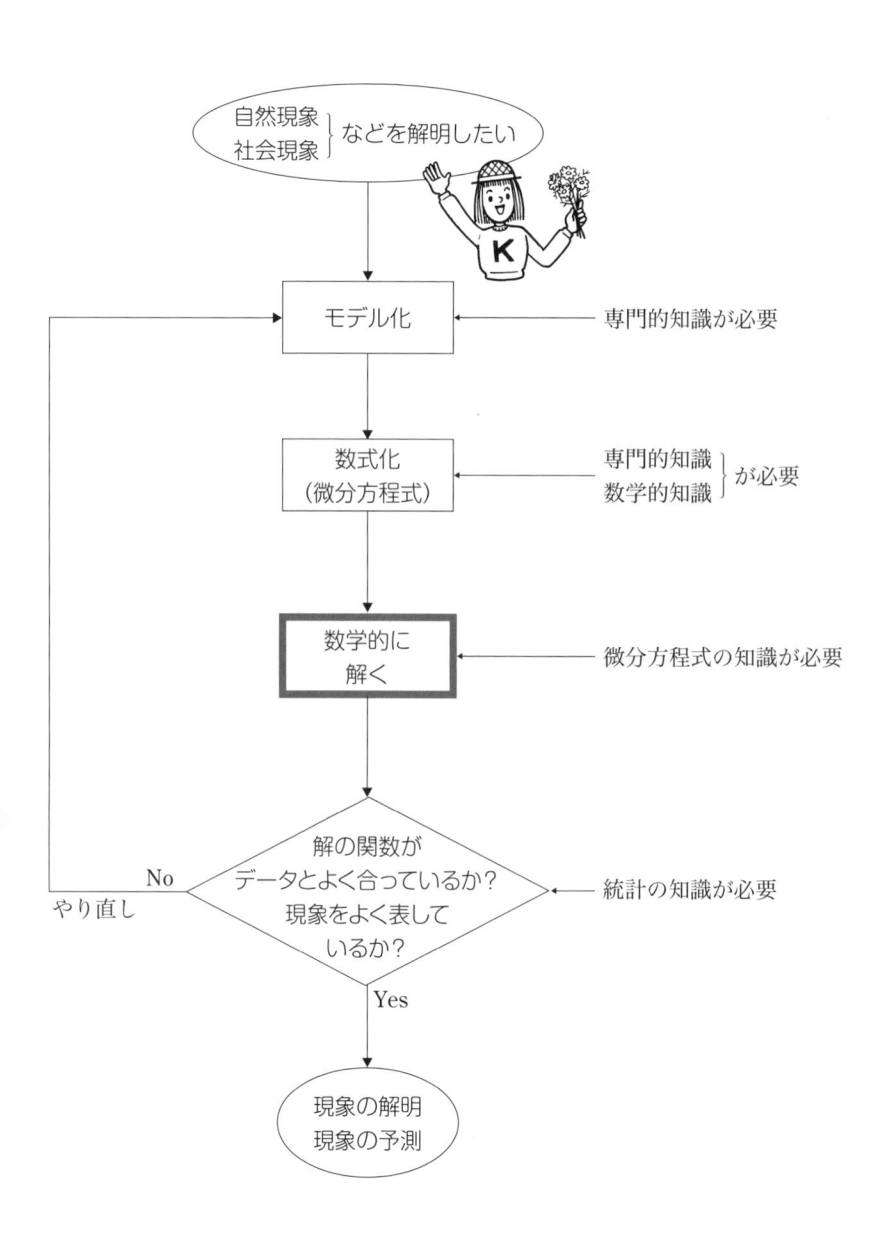

```
    ┌─────────────┐
    │  自然現象    │ などを解明したい
    │  社会現象    │
    └──────┬──────┘
           │
           ▼
    ┌──────────┐
    │ モデル化  │ ◄───── 専門的知識が必要
    └─────┬────┘
          │
          ▼
    ┌──────────┐
    │  数式化   │ ◄───── 専門的知識 ┐
    │(微分方程式)│        数学的知識 ┘ が必要
    └─────┬────┘
          │
          ▼
    ┌──────────┐
    │ 数学的に  │ ◄───── 微分方程式の知識が必要
    │   解く    │
    └─────┬────┘
          │
          ▼
    ◇ 解の関数が
      データとよく合っているか？ ◄───── 統計の知識が必要
      現象をよく表して
      いるか？

   No / やり直し
   Yes ↓

    ┌──────────┐
    │ 現象の解明 │
    │ 現象の予測 │
    └──────────┘
```

§4.2 よくわかる微分方程式のつくり方

§4.3 微分方程式の解の公式

"どんな微分方程式でも解くことができる"
というわけにはゆきません.
　実際には，解くことのできる微分方程式はほとんど限られているのです.
　次のタイプの微分方程式は解くことができます.

(1) 変数分離形　　　　　　　　　　　　　　　　　　　　　　←①
$$g(y) \cdot \frac{dy}{dx} = f(x)$$

(2) 同次形
$$\frac{dy}{dx} = f\left(\frac{y}{x}\right)$$

(3) 1階線型微分方程式
$$y' + P(x) \cdot y = Q(x)$$

(4) ベルヌーイ型
$$y' + R(x) \cdot y = S(x) \cdot y^k$$

(5) 完全微分方程式
$$\frac{dy}{dx} = -\frac{P(x,y)}{Q(x,y)}$$

(6) 1階高次微分方程式
$$(y')^n + P_1(x,y) \cdot (y')^{n-1} + \cdots + P_{n-1}(x,y) \cdot y' + P_n(x,y) = 0$$

(7) 定数係数2階線型（同次）微分方程式　　　　　　　　　　　←②
$$y'' + ay' + by = 0$$

(8) 定数係数2階線型（非同次）微分方程式
$$y'' + ay' + by = Q(x)$$

(9) オイラー型
$$x^n \cdot y^{(n)} + a_1 x^{n-1} \cdot y^{(n-1)} + \cdots + a_{n-1} x \cdot y' + a_n y = Q(x)$$

左ページの説明です！

←①,② ブラック・ショールズの偏微分方程式を解くためには

変数分離形の解の公式
$$g(y)\cdot\frac{dy}{dx}=f(x)$$
☞ p.76 の手順

と

定数係数2階線型同次微分方程式の解の公式
$$y''+ay'+by=0$$
☞ p.80

が必要となります．

§4.3 微分方程式の解の公式

<u>変数分離形の解法</u>

$$y' = f(x) \cdot g(y)$$

や

$$g(y) \cdot y' = f(x)$$

の形の微分方程式を**変数分離形**といいます。　　　←①

このタイプは次の手順により解くことができます。

【変数分離形の解き方の手順】

手順1. 方程式を次のような標準形に直します。
$$g(y)dy = f(x)dx$$

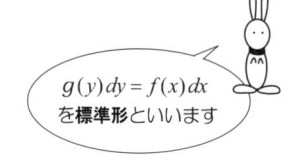

> $g(y)dy = f(x)dx$ を**標準形**といいます

手順2. 両辺を積分します。
$$\int g(y)dy = \int f(x)dx + C$$

よって，次のようになります。
$$G(y) = F(x) + C \quad (C は任意定数)$$

手順3. 求まった式を変形し，定数を適当な形におきかえるなどして
きれいな形に直し，一般解とします。
　　さらに境界条件 $y(a) = b$ を満たす特殊解を求めたいときは……

手順4. 求めた一般解に $x = a$, $y = b$ を代入し，定数 C を決定して
特殊解を求めます。

変数分離形の公式

微分方程式
$$y' + ay = 0 \quad (a は定数とします)$$
の解は
$$y = C \cdot e^{-ax} \quad (C は積分定数です)$$
となります。

◢ 左ページの説明です！

←① 変数分離形の微分方程式──いろいろなパターン

次の微分方程式は，すべて変数分離形の手順で解くことができます．

(1) $xy' = 1$

(2) $y \cdot y' = 1$

(3) $y \cdot y' = e^x$

(4) $y^2 \cdot y' = \log x$

(5) $(x+1)y' = y$

【答】 (1) $\Rightarrow x\dfrac{dy}{dx} = 1 \quad \Rightarrow dy = \dfrac{1}{x}dx$

(2) $\Rightarrow y\dfrac{dy}{dx} = 1 \quad \Rightarrow y\,dy = dx$

(3) $\Rightarrow y\dfrac{dy}{dx} = e^x \quad \Rightarrow y\,dy = e^x\,dx$

(4) $\Rightarrow y^2\dfrac{dy}{dx} = \log x \Rightarrow y^2\,dy = \log x \cdot dx$

(5) $\Rightarrow (x+1)\dfrac{dy}{dx} = y \Rightarrow \dfrac{1}{y}dy = \dfrac{1}{x+1}dx$

§4.3 微分方程式の解の公式

例題 4.1 次の微分方程式を変数分離形で解きましょう．
$$y' + 2y = 0 \quad （境界条件 \quad y(0) = 3）$$

解答

$$y' = \frac{dy}{dx}$$

なので

$$\frac{dy}{dx} = -2y$$

dx を右辺に移動して

$$\frac{1}{y} dy = -2dx$$

両辺を積分すると

$$\int \frac{1}{y} dy = \int -2dx \qquad \text{☞ p.49}$$

不定積分の公式から

$$\log y = -2x + C \quad （C は積分定数）$$

となります．よって

$$y = e^{-2x+C} \qquad \qquad \text{←一般解}$$

次に，境界条件を代入すると

$$3 = e^C$$

となりますから，境界条件を満たす微分方程式の解は

$$y = 3e^{-2x} \qquad \qquad \text{←特殊解}$$

です．

指数関数と対数関数の関係

$$\log y = f(x) \quad \Leftrightarrow \quad y = e^{f(x)}$$

演習 4.1 次の微分方程式を変数分離形で解いてください．

$$y' + 2xy = 0 \quad (境界条件 \quad y(0) = \frac{\sqrt{\pi}}{2})$$

解答

$$y' = -2xy$$

なので

$$\frac{1}{y}\boxed{} = -2x$$

となります．$\boxed{}$を右辺に移動して

$$\frac{1}{y}\boxed{} = -2x\boxed{}$$

両辺を積分すると

$$\boxed{}\frac{1}{y}\boxed{} = \boxed{} - 2x\boxed{} \qquad \text{☞ p.49}$$

不定積分の公式から

$$\boxed{} = -\boxed{} + C$$
$$y = C \cdot e^{\boxed{}} \qquad \leftarrow 一般解$$

境界条件を代入すると

$$\frac{\boxed{}}{\boxed{}} = C \cdot e^{\boxed{}}$$

したがって

$$y = \frac{\boxed{}}{\boxed{}} e^{\boxed{}} \qquad \leftarrow 特殊解$$

が境界条件を満たす微分方程式の解です．

【答】 $y = \dfrac{\sqrt{\pi}}{2} e^{-x^2}$

§4.3 微分方程式の解の公式

---- 定数係数 2 階線型（同次）微分方程式の解の公式 ----

定数係数 2 階線型微分方程式を
$$y'' + ay' + by = 0 \quad (a, b \text{ は定数とします})$$
とします．このとき特性方程式
$$s^2 + as + b = 0$$
← s の 2 次方程式

の 2 つの解 s_1, s_2 について……

(1) s_1, s_2 が相異なる実数解のとき

基本解は
$$e^{s_1 x}, \quad e^{s_2 x}$$

一般解は
$$y = C_1 \cdot e^{s_1 x} + C_2 \cdot e^{s_2 x} \quad (C_1, C_2 \text{ は任意定数です})$$

(2) s_1, s_2 が重解のとき

基本解は
$$e^{s_1 x}, \quad xe^{s_2 x}$$

一般解は
$$y = C_1 \cdot e^{s_1 x} + C_2 \cdot xe^{s_2 x} \quad (C_1, C_2 \text{ は任意定数です})$$

(3) s_1, s_2 が共役な複素数解のとき

$s_1 = \alpha + i\beta, \ s_2 = \alpha - i\beta \ (\alpha, \beta : \text{実数})$ とおくと

基本解は
$$e^{\alpha x} \cdot \cos \beta x, \quad e^{\alpha x} \cdot \sin \beta x$$

一般解は
$$y = C_1 \cdot e^{\alpha x} \cdot \cos \beta x + C_2 \cdot e^{\alpha x} \cdot \sin \beta x \quad (C_1, C_2 \text{ は任意定数です})$$

定数係数 2 階線型微分方程式の解法の手順は，次のようになります．

【 $y'' + ay' + by = 0$ の解き方】

手順 1． 特性方程式をつくります．
$$s^2 + as + b = 0$$

手順 2． 特性方程式を解きます．

手順 3． 特性方程式の解の種類に従って基本解 y_1, y_2 をつくります．

手順 4． 一般解を基本解の線型結合でつくります．

手順 5． 一般解に初期条件を代入して任意定数 C_1, C_2 を決め，特殊解を求めます．

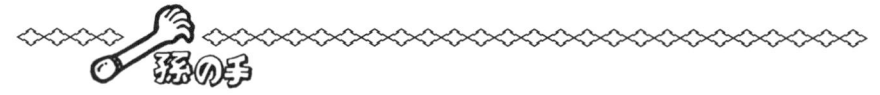

"微分方程式 $y'' + ay' + by = 0$ を解く"ことが，この公式を利用することにより "特性方程式 $s^2 + as + b = 0$ を解く"ことに還元されてしまったわけです．

2次方程式の解の公式を解くだけで，微分方程式の解が求まるなんて，ちょっと不思議ですネ．

$$\text{2 次方程式} \cdots\cdots \text{代数的}$$
$$\text{微分方程式} \cdots\cdots \text{解析的}$$

§4.3 微分方程式の解の公式

例題 4.2 次の定数係数 2 階線型微分方程式を解きましょう．
$$y'' + 2y = 0$$

解答
$$y'' + 2y = 0$$
の特性方程式は
$$s^2 + 0s + 2 = 0 \qquad \Leftarrow (s - \sqrt{2}i)(s + \sqrt{2}i) = 0$$
です．
この特性方程式の解は
$$s_1 = \sqrt{2}i, \quad s_2 = -\sqrt{2}i$$
なので，基本解は
$$e^{0x} \cdot \cos \sqrt{2}\,x, \quad e^{0x} \cdot \sin \sqrt{2}\,x \qquad \Leftarrow e^0 = 1$$
したがって，一般解は
$$y = C_1 \cdot \cos \sqrt{2}\,x + C_2 \cdot \sin \sqrt{2}\,x \qquad (C_1, C_2 \text{ は任意定数})$$
です．

基本解を y_1, y_2，定数を C_1, C_2 とすると
$$C_1 \cdot y_1 + C_2 \cdot y_2$$
も，この微分方程式の解になっています

このことを **重ね合わせの原理** といいます
これは線型空間の性質によるものです

演習 4.2 次の定数係数 2 階線型微分方程式を解いてください．
$$y'' + y' - 6y = 0$$

解答
$$y'' + y' - 6y = 0$$
の特性方程式は
$$s^2 + \boxed{}s + \boxed{} = 0 \qquad \Leftarrow (s-2)(s+3) = 0$$
です．

この特性方程式の解は
$$s_1 = \boxed{}, \qquad s_2 = \boxed{}$$
なので，基本解は
$$e^{\boxed{}}, \quad e^{\boxed{}}$$
したがって，一般解は
$$y = C_1 \cdot e^{\boxed{}} + C_2 \cdot e^{\boxed{}} \qquad (C_1, C_2 \text{ は任意定数})$$
です．

【答】 $y = C_1 \cdot e^{2x} + C_2 \cdot e^{-3x}$

Column　ランダムウォークのつくり方

☞ p.66 のつづき

手順 1　C1 のセルをクリックして，初期値を入力します．

	A	B	C	D	E	F	G
1	0.425206	-0.07479	0				
2	0.81682	0.31682					
3	0.96696	0.46696					
4	0.376665	-0.12334					
5	0.446775	-0.05322					

ここでは初期値を 0 にしてみました

手順 2　C2 のセルをクリックして，＝C1＋B1 と入力します．

	A	B	C	D	E	F	G
1	0.425206	-0.07479	0				
2	0.81682	0.31682	=C1+B1				
3	0.96696	0.46696					
4	0.376665	-0.12334					
5	0.446775	-0.05322					

手順 3　C2 のセルを [コピー] したら，
C3 から C100 までドラッグして [貼り付け].

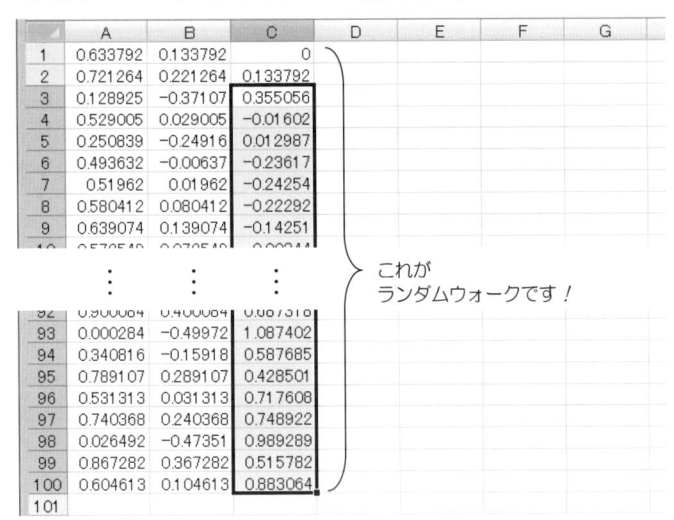

	A	B	C	D	E	F	G
1	0.633792	0.133792	0				
2	0.721264	0.221264	0.133792				
3	0.128925	-0.37107	0.355056				
4	0.529005	0.029005	-0.01602				
5	0.250839	-0.24916	0.012987				
6	0.493632	-0.00637	-0.23617				
7	0.51962	0.01962	-0.24254				
8	0.580412	0.080412	-0.22292				
9	0.639074	0.139074	-0.14251				
⋮	⋮	⋮	⋮				
93	0.000284	-0.49972	1.087402				
94	0.340816	-0.15918	0.587685				
95	0.789107	0.289107	0.428501				
96	0.531313	0.031313	0.717608				
97	0.740368	0.240368	0.748922				
98	0.026492	-0.47351	0.989289				
99	0.867282	0.367282	0.515782				
100	0.604613	0.104613	0.883064				
101							

これがランダムウォークです！

☞ p.94 へつづく

◆第5章◆

やさしく学ぶフーリエ解析

§5.1 フーリエ級数展開をしてみましょう！

― フーリエ級数展開の定理 ―

関数 $g(x)$ は区間（$-L, L$）上で定義されている関数とします。

このとき，関数 $g(x)$ は

$$g(x) = \frac{C(0)}{2} + \sum_{k=1}^{\infty} \left(C(k) \cdot \cos \frac{k\pi x}{L} + D(k) \cdot \sin \frac{k\pi x}{L} \right)$$

と表現することができます．ただし

$$\begin{cases} C(k) = \frac{1}{L} \int_{-L}^{L} g(x) \cdot \cos \left(\frac{k\pi x}{L} \right) dx \\ D(k) = \frac{1}{L} \int_{-L}^{L} g(x) \cdot \sin \left(\frac{k\pi x}{L} \right) dx \end{cases}$$

となります．

⬆ 『よくわかる微分積分』p.306

このとき

$$C(k), D(k) \text{ をフーリエ係数}$$

といいます．関数 $g(x)$ が

$$g(x) = \frac{C(0)}{2} + \sum_{k=1}^{\infty} \left(C(k) \cdot \cos \frac{k\pi x}{L} + D(k) \cdot \sin \frac{k\pi x}{L} \right)$$

と表現されるとき

$$\frac{C(0)}{2} + \sum_{k=1}^{\infty} \left(C(k) \cdot \cos \frac{k\pi x}{L} + D(k) \cdot \sin \frac{k\pi x}{L} \right)$$

を $g(x)$ の**フーリエ級数展開**といいます．

このフーリエ級数展開の定理を利用すると，次のような周期関数に対してもフーリエ級数展開の形で表現することができます．

次のグラフで表される関数は，1周期が $(-\pi, \pi)$ の周期関数です．

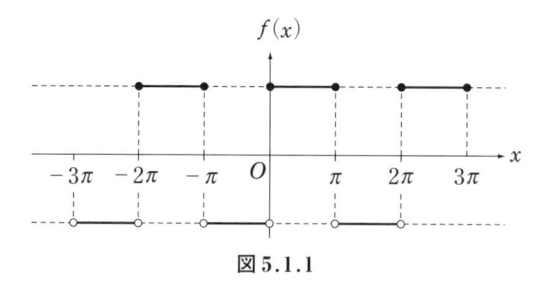

図 5.1.1

この周期関数のフーリエ級数展開は

$$\frac{2}{\pi} \cdot \sum_{n=1}^{\infty} \frac{1-(-1)^n}{n} \sin(nx)$$

です．グラフを描くと……

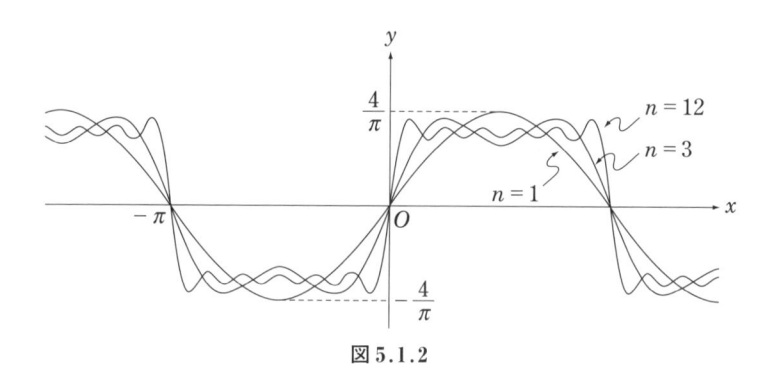

図 5.1.2

$n=1$ とは

$$\frac{2}{\pi} \cdot \frac{1-(-1)^1}{1} \sin(1 \cdot x)$$

$n=3$ とは

$$\frac{2}{\pi} \cdot \left\{ \frac{1-(-1)^1}{1} \sin(1 \cdot x) + \frac{1-(-1)^2}{2} \sin(2 \cdot x) + \frac{1-(-1)^3}{3} \sin(3 \cdot x) \right\}$$

のことです．

<u>n の値を大きく</u>すると，グラフの形は図 5.1.1 の形に近づいてゆきます．

§5.1 フーリエ級数展開をしてみましょう！

例題 5.1 1周期が次のように定義された周期関数のフーリエ級数展開を求めましょう。

$$g(x) = x, \quad -1 < x \leq 1$$

解答 はじめにフーリエ係数 $C(k)$ を求めます。

関数 $g(x)$ は $L=1$ の場合なので，フーリエ係数 $C(k)$ は

$$C(k) = \int_{-1}^{1} x \cdot \cos(k\pi x)\, dx$$

となります。

<u>$k=0$ の場合</u>

$$C(0) = \int_{-1}^{1} x \cdot \cos(0)\, dx \qquad \Leftarrow \cos(0)=1$$

$$= \int_{-1}^{1} x\, dx$$

$$= \left[\frac{x^2}{2}\right]_{-1}^{1} \qquad\qquad \text{☞ p.49}$$

$$= \frac{1^2}{2} - \frac{(-1)^2}{2}$$

$$= 0$$

<u>$k \neq 0$ の場合</u>

$$C(k) = \int_{-1}^{1} x \cdot \cos(k\pi x)\, dx \qquad \text{☞ p.50}$$

$$= \left[\frac{1}{(k\pi)^2}\cos(k\pi x) + \frac{x}{k\pi}\sin(k\pi x)\right]_{-1}^{1}$$

$$= \frac{1}{(k\pi)^2}\cos(k\pi) - \frac{1}{(k\pi)^2}\cos(-k\pi) \qquad \Leftarrow \sin(k\pi)=0$$

$$= 0 \qquad\qquad\qquad\qquad \Leftarrow \cos(-k\pi)=\cos(k\pi)$$

次にフーリエ係数 $D(k)$ を求めます.

$$D(k) = \int_{-1}^{1} x \cdot \sin(k\pi x)\, dx \qquad \text{☞ p.51}$$

$$= \left[\frac{1}{(k\pi)^2} \sin(k\pi x) - \frac{x}{k\pi} \cos(k\pi x) \right]_{-1}^{1}$$

$$= -\frac{1}{k\pi} \cos(k\pi) - \left\{ -\frac{(-1)}{k\pi} \cos(-k\pi) \right\}$$

$$= -\frac{2}{k\pi} (-1)^k \qquad \leftarrow \cos(k\pi) = (-1)^k$$

$$= \frac{2}{k\pi} (-1)^{k+1}$$

以上のことから

$$g(x) = \frac{C(0)}{2} + \sum_{k=1}^{\infty} \left\{ C(k) \cdot \cos\left(\frac{k\pi x}{L}\right) + D(k) \cdot \sin\left(\frac{k\pi x}{L}\right) \right\}$$

に代入すると

$$g(x) = \frac{0}{2} + \sum_{k=1}^{\infty} \left\{ 0 \cdot \cos(k\pi x) + \frac{2}{k\pi} (-1)^{k+1} \cdot \sin(k\pi x) \right\}$$

$$= \sum_{k=1}^{\infty} \frac{2}{k\pi} (-1)^{k+1} \cdot \sin(k\pi x)$$

$$= \frac{2}{\pi} \sin(\pi x) - \frac{2}{2\pi} \sin(2\pi x) + \frac{2}{3\pi} \sin(3\pi x) - \cdots$$

となります.

この式が求めるフーリエ級数展開です.

⬆ 『よくわかる微分積分』 p.308

§5.2 フーリエ積分展開はちょっと大変です

フーリエの積分定理

関数 $g(x)$ は区間 $(-\infty, +\infty)$ 上で定義されている関数とします.

このとき,関数 $g(x)$ は

$$g(x) = \int_0^{+\infty} (C(k) \cdot \cos kx + D(k) \cdot \sin kx) dk$$

と表現することができます. ただし

$$\begin{cases} C(k) = \dfrac{1}{\pi} \displaystyle\int_{-\infty}^{+\infty} g(x) \cdot \cos kx \, dx \\ D(k) = \dfrac{1}{\pi} \displaystyle\int_{-\infty}^{+\infty} g(x) \cdot \sin kx \, dx \end{cases}$$

となります.

このとき

$$C(k), D(k) \ \text{をフーリエ係数}$$

といいます.

関数 $g(x)$ が

$$g(x) = \int_0^{+\infty} (C(k) \cdot \cos kx + D(k) \cdot \sin kx) dk$$

と表現されるとき

$$\int_0^{+\infty} (C(k) \cdot \cos kx + D(k) \cdot \sin kx) dk$$

を $g(x)$ の**フーリエ積分展開**といいます.

フーリエ級数展開とフーリエ積分展開の関係 !!

フーリエ級数展開において

　　　　L を無限大に近づけると,フーリエ積分展開になる

といった感じです.　　　　　　　　　　　　　　　　　　　　　←①

← ① この2つのフーリエは，厳密には次のようになっています．

Fourier 級数展開の定理

$f(x)$ は $(-\infty, +\infty)$ 上で定義された周期 2π の複素数値関数で，かつ任意の有限区間で区分的に滑らかであるとすれば，$f(x)$ は次の意味で Fourier 級数に展開できる．

$$\frac{1}{2}\{f(x+0)+f(x-0)\} = \lim_{n\to+\infty}\sum_{m=-n}^{n} e^{imx}\frac{1}{2\pi}\int_{-\pi}^{\pi} f(t)\cdot e^{-imt}dt$$

Fourier の積分定理

$f(x)$ は $(-\infty, +\infty)$ 上で定義された複素数値関数で

 (i) x の任意の有限区間で区分的に滑らか

 (ii) $\int_{-\infty}^{+\infty} |f(x)|dx < \infty$

とすると，次の等号が成り立つ．

$$\frac{1}{2}\{f(x+0)+f(x-0)\} = \lim_{\lambda\to+\infty}\frac{1}{\sqrt{2\pi}}\int_{-\lambda}^{\lambda} e^{iux}\left\{\frac{1}{\sqrt{2\pi}}\int_{-\infty}^{+\infty} f(t)\cdot e^{-iut}dt\right\}du$$

§5.2 フーリエ積分展開はちょっと大変です

例題 5.2 次の関数のフーリエ積分展開を求めましょう．

$$g(x) = \begin{cases} 0 & \cdots\ x > 1 \\ x & \cdots\ -1 \leq x \leq 1 \\ 0 & \cdots\ x < -1 \end{cases}$$

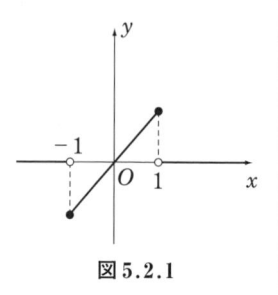

図 5.2.1

解答 はじめにフーリエ係数 $C(k)$ を求めます．

$$C(k) = \frac{1}{\pi}\int_{-\infty}^{+\infty} g(x)\cdot\cos(kx)dx$$

ですから，
この関数のグラフを見ながら積分範囲を

　　（イ）　$-\infty$ から -1 まで
　　（ロ）　-1 から　1 まで
　　（ハ）　1 から $+\infty$ まで

の3つの部分に分けます．

したがって……

$$C(k) = \frac{1}{\pi}\int_{-\infty}^{-1} 0\cdot\cos(kx)dx + \frac{1}{\pi}\int_{-1}^{1} x\cdot\cos(kx)dx + \int_{1}^{+\infty} 0\cdot\cos(kx)dx$$

$$= \frac{1}{\pi}\int_{-1}^{1} x\cdot\cos(kx)dx$$

$$= \frac{1}{\pi}\left[\frac{1}{k^2}\cdot\cos(kx) + \frac{x}{k}\cdot\sin(kx)\right]_{-1}^{1} \qquad \text{☞ p.50}$$

$$= \frac{1}{\pi}\left\{\frac{1}{k^2}\cdot\cos(k) + \frac{1}{k}\cdot\sin(k)\right\}$$

$$\quad - \frac{1}{\pi}\left\{\frac{1}{k^2}\cdot\cos(-k) + \frac{-1}{k}\cdot\sin(-k)\right\}$$

$$= 0$$

となります．

次に，フーリエ係数 $D(k)$ を求めます．

$$\begin{aligned}
D(k) &= \frac{1}{\pi}\int_{-\infty}^{+\infty} g(x)\cdot \sin(kx)\,dx \\
&= \frac{1}{\pi}\int_{-\infty}^{-1} 0\cdot \sin(kx)\,dx + \frac{1}{\pi}\int_{-1}^{1} x\cdot \sin(kx)\,dx + \frac{1}{\pi}\int_{1}^{+\infty} 0\cdot \sin(kx)\,dx \\
&= \frac{1}{\pi}\int_{-1}^{1} x\cdot \sin(kx)\,dx \\
&= \frac{1}{\pi}\left[\frac{1}{k^2}\cdot \sin(kx) - \frac{x}{k}\cdot \cos(kx)\right]_{-1}^{1} \\
&= \frac{1}{\pi}\left\{\frac{1}{k^2}\cdot \sin(k) - \frac{1}{k}\cdot \cos(k)\right\} \\
&\quad - \frac{1}{\pi}\left\{\frac{1}{k^2}\cdot \sin(-k) - \frac{(-1)}{k}\cdot \cos(-k)\right\} \\
&= \frac{2}{\pi}\frac{1}{k^2}\cdot \sin(k)
\end{aligned}$$

☞ p.51

以上から

$$\begin{aligned}
g(x) &= \int_{0}^{+\infty}\left\{0\cdot \cos(kx) + \frac{2}{\pi}\frac{1}{k^2}\cdot \sin(k)\cdot \sin(kx)\right\}dk \\
&= \frac{2}{\pi}\int_{0}^{+\infty}\frac{\sin(k)\cdot \sin(kx)}{k^2}\,dk
\end{aligned}$$

が求める $g(x)$ のフーリエ積分展開です．

Column　ランダムウォークの描き方　☞ p.84 のつづき

手順 1　C1 から C100 のセルをドラッグしておきます．

手順 2　［挿入］⇒［折れ線］⇒［2-D 折れ線］から，次のように選択します．

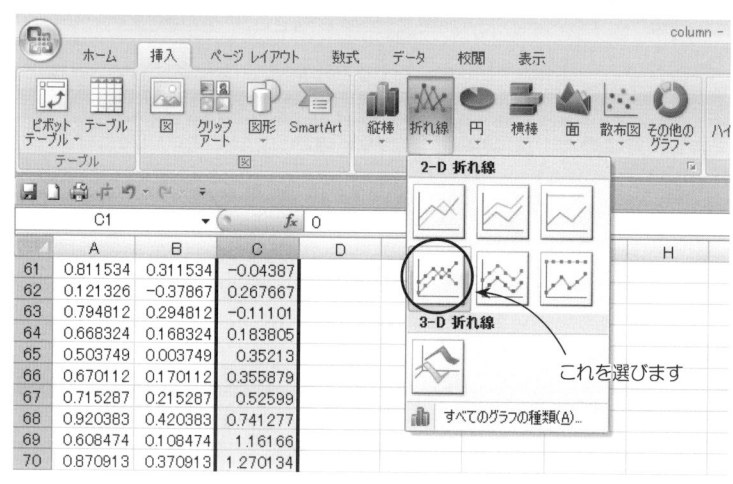

これを選びます

手順 3　ランダムウォークのできあがりです．

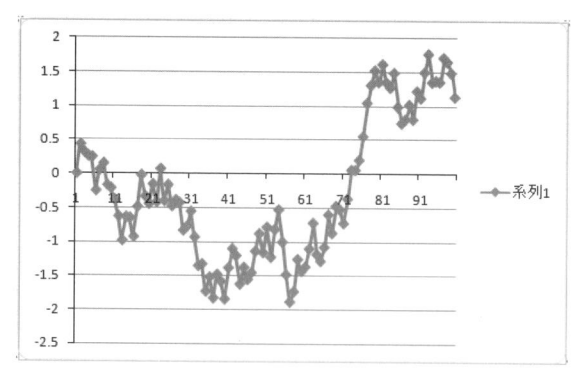

◆第❻章◆

よくわかる偏微分方程式の解の公式

§6.1　偏微分方程式の3つのタイプ

偏微分方程式では，
　　　　　　常微分方程式のように簡単に解を求められる……
というわけにはゆきません．

2階線型偏微分方程式の場合，次の代表的な3つのタイプは
なんとか解くことが可能です．

タイプI　……　$\dfrac{\partial y}{\partial x}(u,x) = a \cdot \dfrac{\partial^2 y}{\partial u^2}(u,x)$　　$(a>0)$　　　　（熱伝導方程式）

タイプII　……　$\dfrac{\partial^2 y}{\partial x^2}(u,x) = a \cdot \dfrac{\partial^2 y}{\partial u^2}(u,x)$　　$(a>0)$　　　　（波動方程式）←①

タイプIII　……　$\dfrac{\partial^2 y}{\partial x^2}(u,x) + \dfrac{\partial^2 y}{\partial u^2}(u,x) = 0$　　　　　　　（ラプラスの方程式）←②

そして，金融・証券の分野で登場するブラック・ショールズ偏微分方程式は，
　　　　　　　　タイプIの熱伝導方程式
に対応しています．

そこで，この章では熱伝導方程式を解いてみることにしましょう．
このとき境界条件の取り扱い方も重要なポイントになります．

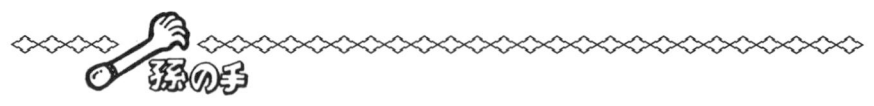

◇◇

ここで求める解は**形式解**と呼ばれている解です．
　その形式解が本当の解かどうかについては，さらに解の収束・発散についての
こまかい議論が必要となります．

◇◇

左ページの説明です！

←① 弦の長さが1で両端 $u=0$, $u=1$ で固定された弦の振動を考えます．はじめに弦を引っぱって，それから放すと，弦は振動を始めます．弦の動きは場所によってもちがうし，時刻によっても変化してゆきます．そこで弦の変位 y を位置 u と時刻 x の2変数関数 $y(u,x)$ と考えて微分方程式をつくると，タイプIIの波動方程式になることが知られています．

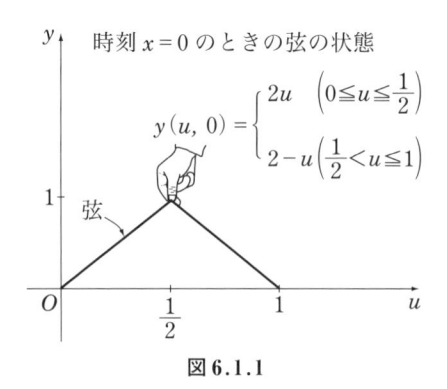

時刻 $x=0$ のときの弦の状態

$$y(u, 0) = \begin{cases} 2u & \left(0 \leq u \leq \dfrac{1}{2}\right) \\ 2-u & \left(\dfrac{1}{2} < u \leq 1\right) \end{cases}$$

図 6.1.1

←② 一辺の長さが1の正方形（一般的には長方形）の板を考え，下図のように u, x 軸をとります．この板の温度分布が時間により変化しない，つまり時刻 t に関して定数となる定常状態を考えます．すると，温度は測定する位置 (u, x) のみに関係するので，温度分布 y は u と x の2変数関数 $y(u, x)$ となります．このとき $y(u, x)$ はタイプIIIのラプラスの方程式を満たすことが知られています．

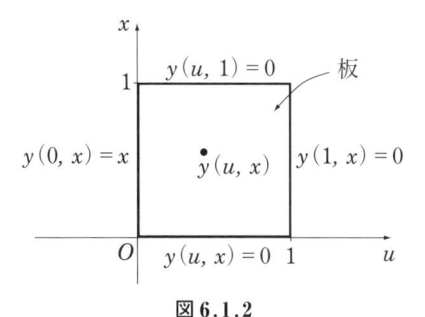

図 6.1.2

§6.1 偏微分方程式の3つのタイプ

§6.2 熱伝導方程式についての解説

はじめに，次のような状況を考えてみましょう．

> 細長い棒があり，この棒のある部分を熱したとします．
> 熱した後の棒の温度は，時刻と位置によって異なります．

この温度の変わり具合，つまり

　　　　　　　熱伝導の状態を表したのが熱伝導方程式

なのです．たとえば……

いま，棒の左端を u 軸の原点 O とし，棒の右端を 1 とします．
そして，時点 x における座標 u の点の温度を $y(u, x)$ とします．

時点 $x = 0$ のとき

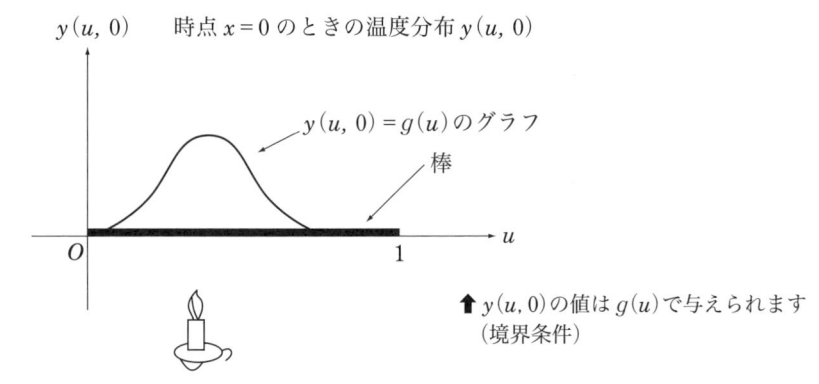

$y(u, 0)$　　時点 $x = 0$ のときの温度分布 $y(u, 0)$

$y(u, 0) = g(u)$ のグラフ

棒

↑ $y(u, 0)$ の値は $g(u)$ で与えられます
（境界条件）

時点 x のとき

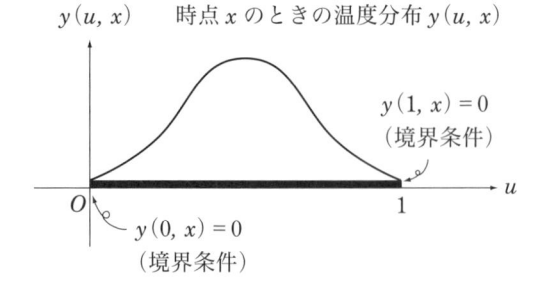

$y(u, x)$　　時点 x のときの温度分布 $y(u, x)$

$y(1, x) = 0$
（境界条件）

$y(0, x) = 0$
（境界条件）

つまり

　　　　温度 y を位置 u と時点 x の 2 変数関数 $y = y(u, x)$
とするわけです．

　棒は理想的な状態（＝棒の外へ熱は逃げない）にあると仮定します．

　このとき，$y(u, x)$ について，次の偏微分方程式が成り立つことが知られています．

　ただし定数 a は，棒の性質（鉄，銅など）によって決まる正の定数です．

熱伝導方程式と境界条件

熱伝導方程式

$$\frac{\partial y}{\partial x}(u, x) = a \cdot \frac{\partial^2 y}{\partial u^2}(u, x) \quad (a > 0) \quad (0 \leq u \leq 1) \quad \cdots ①$$

境界条件

$$\frac{\partial y}{\partial u}(0, x) = 0, \quad \frac{\partial y}{\partial u}(1, x) = 0 \quad (x \geq 0) \quad \cdots ②$$

境界条件（＝初期条件）

$$y(u, 0) = g(u) \quad (0 \leq u \leq 1) \quad \cdots ③$$

　この偏微分方程式 ① が熱伝導方程式です．

　境界条件 ② は

　　　　棒の両端で熱は逃げない

ことを意味します．

　境界条件（＝初期条件）③ は，

　　　　はじめの温度分布の状態が $g(u)$ である

ことを示しています．

　　　　　　　　　　　　　　⇧『すぐわかるフーリエ解析』p.187

§6.2　熱伝導方程式についての解説

§6.3 熱伝導方程式を解く！

━━ 熱伝導方程式の解を求める ━━
熱伝導方程式
$$y_x(u, x) = a \cdot y_{uu}(u, x) \quad (a>0) \quad (0 \leq u \leq 1)$$
を次の境界条件のもとで解いてみましょう．

境界条件：$\begin{cases} y_u(0, x) = 0, \ y_u(1, x) = 0 & \cdots \ x \geq 0 \\ y(u, 0) = g(u) & \cdots \ 0 \leq u \leq 1 \end{cases}$

解答 この偏微分方程式を解くために，変数分離法を使います． ←①
そこで，
$$y(u, x) = V(u) \cdot W(x)$$
と仮定して，u で2回偏微分すると…… ←②

$$\frac{\partial}{\partial u} y(u, x) = V_u(u) \cdot W(x)$$ ←③

$$\frac{\partial^2}{\partial u^2} y(u, x) = \frac{\partial}{\partial u} \{V_u(u) \cdot W(x)\} = V_{uu}(u) \cdot W(x)$$

になります．次に，$y(u, x)$ を x で1回偏微分すると……

$$\frac{\partial}{\partial x} y(u, x) = V(u) \cdot W_x(x)$$ ←④

になります．この2つの式を，熱伝導方程式
$$y_x(u, x) = a \cdot y_{uu}(u, x)$$
に代入すると
$$V(u) \cdot W_x(x) = a \cdot V_{uu}(u) \cdot W(x)$$
となります．そこで

$$\frac{V_{uu}(u)}{V(u)} = \frac{1}{a} \frac{W_x(x)}{W(x)}$$ ←⑤

のように変形しておきましょう．すると，
左辺は u の関数，右辺は x の関数なので，λ を定数とすると

$$\frac{V_{uu}(u)}{V(u)} = \frac{1}{a} \frac{W_x(x)}{W(x)} = \lambda$$ ←⑥

> 左ページの説明です！

←①　変数分離法とは偏微分方程式を解くためのテクニックのひとつ.

☞ p.76

> 偏微分方程式の解の関数 $y(u, x)$ が
> $$y(u, x) = \{u\text{ だけの関数}\} \cdot \{x\text{ だけの関数}\}$$
> のような形をしていたら……

という仮定のもとで考えます.
　　はじめの温度分布 $g(u)$ について, $g(u) \neq 0$ としておきます.

←②　$W(x)$ は x だけの関数なので, u で偏微分するときには $W(x)$ を定数とみなします.

←③　$\dfrac{dV}{du} = V_u(u)$

←④　$\dfrac{dW}{dx} = W_x(x)$

←⑤　この変形により
　　　　　　　左辺 …… u の関数
　　　　　　　右辺 …… x の関数
　　になることがわかります.

←⑥　互いに独立な 2 つの変数 u, x があって
　　　　　　　$\{u\text{ の関数}\} = \{x\text{ の関数}\}$
　　が成り立っているのは, 共に同じ定数のときだけですね！
　　　　　　　$\{u\text{ の関数}\} = \{x\text{ の関数}\} = 定数$

§6.3　熱伝導方程式を解く！　　101

とおくことができます．この式を2つの微分方程式

$$【\text{I}】\ \frac{V_{uu}(u)}{V(u)} = \lambda, \qquad 【\text{II}】\ \frac{1}{a}\frac{W_x(x)}{W(x)} = \lambda$$

←①

に分けて，それぞれ解いてみましょう．

【I】 左辺の微分方程式について

まずはじめに，u についての微分方程式

$$\frac{V_{uu}(u)}{V(u)} = \lambda$$

を解きましょう．この式を変形すると

$$V_{uu}(u) - \lambda V(u) = 0$$

←②

なので，これは定数係数2階線型微分方程式です．その特性方程式は

$$s^2 - \lambda = 0$$

←③

なので，定数 λ の正・負によって，次の3つの場合が考えられます．

(i) $\lambda > 0$ 　　(ii) $\lambda = 0$ 　　(iii) $\lambda < 0$

(i) $\lambda > 0$ の場合　　特性方程式の解は

$$s = \sqrt{\lambda}, \qquad s = -\sqrt{\lambda}$$

←④

なので，基本解は

$$e^{\sqrt{\lambda}u}, \qquad e^{-\sqrt{\lambda}u}$$

したがって，一般解は

$$V(u) = C_1 \cdot e^{\sqrt{\lambda}u} + C_2 \cdot e^{-\sqrt{\lambda}u} \qquad (C_1, C_2 \text{ は任意定数})$$

←⑤

となります．

ここで境界条件を利用しましょう．境界条件は

$$\begin{cases} y_u(0, x) = V_u(0) \cdot W(x) = 0 \\ y_u(1, x) = V_u(1) \cdot W(x) = 0 \end{cases}$$

なので

$$V_u(0) = 0, \qquad V_u(1) = 0$$

←⑥

となります．

◢ 左ページの説明です！

←① 偏微分方程式が，2つの"常"微分方程式に変身しました．

←② $V'' - \lambda V = 0$　または　$y'' - \lambda y = 0$

←③ $s^2 + as + b = 0$ …… $a = 0, \ b = -\lambda$　　　　　　　　　☞ p.80

←④ $s^2 - \lambda = 0 \ \Rightarrow \ s^2 = \lambda \ \Rightarrow \ s = \pm\sqrt{\lambda}$　　　　　　　☞ p.80

←⑤ 任意定数とは，
　　　　　"C_1, C_2 にどんな数を入れてもいいですヨ"
　　ということ．

←⑥ $W(x) = 0$ とすると
　　　　　　　$y(u, x) = V(u) \cdot W(x) = 0$
　　になってしまいますから，$W(x) \neq 0$ ですね．

§6.3　熱伝導方程式を解く！　　103

$V(u)$ は，この 2 つの条件を満たしていなければなりません．
そこで
$$V(u) = C_1 \cdot e^{\sqrt{\lambda} u} + C_2 \cdot e^{-\sqrt{\lambda} u}$$
を u で微分して
$$V_u(u) = C_1 \sqrt{\lambda} \cdot e^{\sqrt{\lambda} u} - C_2 \sqrt{\lambda} \cdot e^{-\sqrt{\lambda} u}$$
に，$u=0$, $u=1$ をそれぞれを代入してみます．

$u=0$ を代入して……
$$V_u(0) = C_1 \sqrt{\lambda} - C_2 \sqrt{\lambda}$$
続いて，$u=1$ を代入して……
$$V_u(1) = C_1 \sqrt{\lambda} \cdot e^{\sqrt{\lambda}} - C_2 \sqrt{\lambda} \cdot e^{-\sqrt{\lambda}}$$
したがって，2 つの条件
$$V_u(0) = 0, \qquad V_u(1) = 0$$
より
$$\begin{cases} V_u(0) = C_1 \sqrt{\lambda} - C_2 \sqrt{\lambda} = 0 \\ V_u(1) = C_1 \sqrt{\lambda} \cdot e^{\sqrt{\lambda}} - C_2 \sqrt{\lambda} \cdot e^{-\sqrt{\lambda}} = 0 \end{cases}$$
← ①

となります．
この 2 つの式を満たす C_1, C_2 は
$$C_1 = C_2 = 0$$
しかありません．
ということは
$$\begin{aligned} y(u, x) &= C_1 \cdot e^{\sqrt{\lambda} u} + C_2 \cdot e^{-\sqrt{\lambda} u} \\ &= 0 \cdot e^{\sqrt{\lambda} u} + 0 \cdot e^{-\sqrt{\lambda} u} \\ &= 0 \end{aligned}$$
となって，

<u>$\lambda > 0$ の場合には，求める熱伝導方程式の解はありません</u>．

__左ページの説明です！__

← ①　$(C_1 - C_2)\sqrt{\lambda} = 0$, $\sqrt{\lambda} \neq 0$ より
$$C_1 - C_2 = 0$$
となります．

　よって，$C_1 = C_2$ なので
$$C_1\sqrt{\lambda} \cdot e^{\sqrt{\lambda}} - C_2\sqrt{\lambda} \cdot e^{-\sqrt{\lambda}} = C_1\sqrt{\lambda}\,(e^{\sqrt{\lambda}} - e^{-\sqrt{\lambda}}) = 0$$
となります．

　ところが，$\sqrt{\lambda}\,(e^{\sqrt{\lambda}} - e^{-\sqrt{\lambda}}) \neq 0$ なので
$$C_1 = 0$$
となります．

(ii) $\lambda = 0$ の場合　　特性方程式の解は
$$s = 0 \quad (\text{重解です})$$
なので，基本解は
$$e^{0 \cdot u}, \quad u e^{0 \cdot u} \qquad \Leftarrow ①$$
したがって，一般解は
$$V(u) = C_1 \cdot 1 + C_2 \cdot u \quad (C_1, C_2 \text{ は任意定数})$$
になります．

　この解の中に境界条件を満たすものがあるのでしょうか？

　$V(u)$ を u で微分すると
$$V_u(u) = C_2$$
です．満たすべき条件は
$$V_u(0) = 0, \quad V_u(1) = 0$$
だったので
$$V_u(0) = C_2 = 0$$
したがって
$$V(u) = C_1 \quad (C_1 \text{ は任意定数}) \qquad \Leftarrow ②$$
が求める解のひとつです．

(iii) $\lambda < 0$ の場合　　特性方程式の解は
$$s = \sqrt{-\lambda}\, i, \quad s = -\sqrt{-\lambda}\, i \qquad \Leftarrow ③$$
なので，基本解は
$$e^{0 \cdot u} \cdot \cos(\sqrt{-\lambda}\, u), \quad e^{0 \cdot u} \cdot \sin(\sqrt{-\lambda}\, u)$$
です．したがって，一般解は
$$V(u) = C_1 \cdot \cos(\sqrt{-\lambda}\, u) + C_2 \cdot \sin(\sqrt{-\lambda}\, u)$$
となります．

　境界条件を満たす解を探しましょう．u で微分すると
$$V_u(u) = -C_1 \sqrt{-\lambda} \cdot \sin(\sqrt{-\lambda}\, u) + C_2 \sqrt{-\lambda} \cdot \cos(\sqrt{-\lambda}\, u)$$
となります．

左ページの説明です！

← ① $e^0 = 1$

← ② $V(u) = C_1$ のとき，u で微分すると $(C_1)' = 0$ ですから
$$V_u(u) = 0, \quad V_{uu}(u) = 0$$
となります．確かに微分方程式
$$V_{uu}(u) - \lambda V(u) = 0 - 0 \cdot C_1 = 0$$
を満たしていますネッ!!

← ③ 　　　　$s = \alpha + \beta i$ 　　　　$s = \alpha - \beta i$
　　　　　　$= 0 + \sqrt{-\lambda} i$ 　　　$= 0 - \sqrt{-\lambda} i$
　　　　　　$= \sqrt{-\lambda} i$ 　　　　　$= -\sqrt{-\lambda} i$

§6.3 熱伝導方程式を解く！

$u = 0$, $u = 1$ をそれぞれ代入して……

$$V_u(0) = -C_1\sqrt{-\lambda} \cdot 0 + C_2\sqrt{-\lambda} \cdot 1 \qquad \leftarrow ①$$
$$V_u(1) = -C_1\sqrt{-\lambda} \cdot \sin(\sqrt{-\lambda}) + C_2\sqrt{-\lambda} \cdot \cos(\sqrt{-\lambda})$$

満たすべき条件は

$$V_u(0) = 0, \qquad V_u(1) = 0$$

ですから

$$\begin{cases} V_u(0) = C_2\sqrt{-\lambda} = 0 \\ V_u(1) = -C_1\sqrt{-\lambda} \cdot \sin(\sqrt{-\lambda}) + C_2\sqrt{-\lambda} \cdot \cos(\sqrt{-\lambda}) = 0 \end{cases}$$

です。したがって

$$-C_1 \cdot \sin(\sqrt{-\lambda}) = 0, \quad C_2 = 0 \qquad \leftarrow ②$$

そこで、$C_1 = 0$ とすると

$$V(u) = C_1 \cdot \cos(\sqrt{-\lambda}\,u) + C_2 \cdot \sin(\sqrt{-\lambda}\,u)$$
$$= 0 \cdot \cos(\sqrt{-\lambda}\,u) + 0 \cdot \sin(\sqrt{-\lambda}\,u)$$
$$= 0$$

となってしまいます。つまり、$C_1 \neq 0$ なので

$$\sin(\sqrt{-\lambda}) = 0 \qquad \leftarrow ③$$

でなければなりません。よって

$$\sqrt{-\lambda} = n\pi \qquad (n = 1, 2, \cdots) \qquad \leftarrow ④$$

したがって、$\lambda < 0$ のときは

$$V(u) = C_1 \cdot \cos(n\pi u)$$

となりました。

(i), (ii), (iii) をまとめると、求める微分方程式の解 $V(u)$ は

$$V(u) = C \cdot \cos(n\pi u) \qquad (n = 0, 1, 2, \cdots) \qquad \leftarrow ⑤$$

となることがわかりました。

左ページの説明です！

←① $\sin 0 = 0$, $\cos 0 = 1$

←② $C_2\sqrt{-\lambda} = 0$ において，$\sqrt{-\lambda} \neq 0$ より
$$C_2 = 0$$

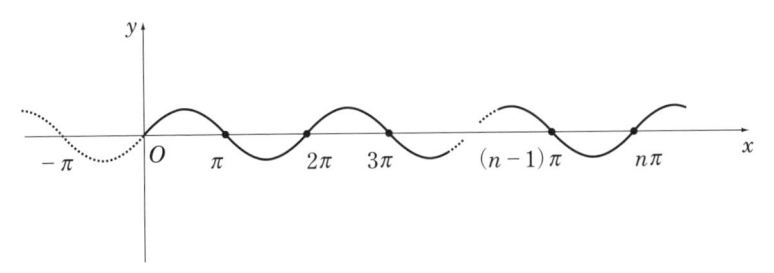

←③ $C_1 \cdot \sin(\sqrt{-\lambda}) = 0$, $C_1 \neq 0$ より
$$\sin(\sqrt{-\lambda}) = 0$$

←④ $y = \sin x$ のグラフ

図 6.3.1 $y = \sin x$ のグラフ

←⑤ $n = 0$ のとき
$$V(u) = C \cdot 1$$
なので，これが(ii)のときの解になっています．係数は C_1 ですからもちろん，ここで
$$V(u) = C_1 \cdot \cos(n\pi u)$$
となりますが，C_1 は任意定数なので，C_1 を C と書き換えました．

§6.3 熱伝導方程式を解く！

【Ⅱ】 右辺の微分方程式について

次は，x についての微分方程式

$$\frac{1}{a}\frac{W_x(x)}{W(x)} = \lambda$$

を解きましょう．この微分方程式は変数分離形なので　　　←①

$$W(x) = D \cdot e^{a\lambda x} \quad (D は任意定数) \qquad \text{☞ p.76}$$

が求める微分方程式の解です．

(iii)の $\lambda<0$ の場合を思い出すと，$\sqrt{-\lambda} = n\pi$ だったので

$$W(x) = D \cdot e^{-an^2\pi^2 x}$$

となります．

以上の【Ⅰ】，【Ⅱ】から，それぞれの n における熱伝導方程式の解は

$$\begin{aligned}y(u,x) &= V(u) \cdot W(x) \\ &= C \cdot \cos(n\pi u) \cdot D \cdot e^{-an^2\pi^2 x} \quad (n=0,1,2,\cdots) \\ &= C(n) \cdot \cos(n\pi u) \cdot e^{-an^2\pi^2 x}\end{aligned}$$
←②

になります．

$n=0,1,2,\cdots$ のすべての解を**重ね合わせ**ましょう．つまり

$$\sum_{n=0}^{\infty} C(n) \cdot \cos(n\pi u) \cdot e^{-an^2\pi^2 x}$$
←③

が求める熱伝導方程式の解です．そこで，あらためて

$$y(u,x) = \sum_{n=0}^{\infty} C(n) \cdot \cos(n\pi u) \cdot e^{-an^2\pi^2 x}$$

とおきます．

【Ⅲ】 境界条件（＝初期条件）を満たす解は？

ここで終わりではありません．満たすべき境界条件（＝初期条件）が，まだ１つのこっています．そこで……

最後に，境界条件（＝初期条件）

$$y(u,0) = g(u) \qquad (0 \leq u \leq 1)$$

を満たすように係数 $C(n)$ の値を決めれば，オシマイ!!

◢ 左ページの説明です！

←①　$W_x(x) = \dfrac{dW}{dx}$ なので

$$\dfrac{1}{W}dW = a\lambda dx \quad \rightarrow \quad \int \dfrac{1}{W}dW = \int a\lambda dx$$

$$\rightarrow \quad \log W = a\lambda x + C$$

$$\rightarrow \quad W = e^{a\lambda x + C}$$

$$\rightarrow \quad W = e^C \cdot e^{a\lambda x}$$

$$\rightarrow \quad W = D \cdot e^{a\lambda x}$$

←②　$y(u, x) = C \cdot D \cdot \cos(n\pi u) e^{-an^2\pi^2 x} \quad (n = 0, 1, 2, \cdots)$

なので，
任意定数 $C \cdot D$ をあらためて，$C(n)$ としました．
　というのも，この任意定数は n の値によって異なるはずです．
　たとえば……

$n = 0$ のとき　$y(u, x) = C \cdot D \cdot 1 \cdot e^0$

$n = 1$ のとき　$y(u, x) = C \cdot D \cdot \cos(\pi u) \cdot e^{-a\pi^2 x}$

$n = 2$ のとき　$y(u, x) = C \cdot D \cdot \cos(2\pi u) \cdot e^{-a2^2\pi^2 x}$

　　　　　　　$\vdots$

したがって

$$y(u, x) = C(n) \cdot \cos(n\pi u) \cdot e^{-an^2\pi^2 x}$$

と表した方が正確ですね*!!*

←③　線型同次微分方程式の解を y_1, y_2 とすると

$$C_1 \cdot y_1 + C_2 \cdot y_2$$

も，この微分方程式の解になっています．

> このことを
> **重ね合わせの原理**
> といいます

> これは
> 線型空間の性質に
> よるものです

§6.3　熱伝導方程式を解く！

そこで，

$$y(u,x) = \sum_{n=0}^{\infty} C(n)\cdot\cos(n\pi u)\cdot e^{-an^2\pi^2 x}$$

の式に $x=0$ を代入して……

$$y(u,0) = \sum_{n=0}^{\infty} C(n)\cdot\cos(n\pi u)$$

ところが，この係数 $C(n)$ はフーリエ級数展開の定理により，境界条件の $g(u)$ から求まるのです．

つまり，関数 $g(u)$ が

$$g(u) = \sum_{n=0}^{\infty} C(n)\cdot\cos(n\pi u)$$

と表されるとき，フーリエ級数展開の定理から，そのフーリエ係数 $C(n)$ は

$$C(n) = 2\int_0^1 g(u)\cdot\cos(n\pi u)\,du \qquad \leftarrow ①$$

となります．ということは……

熱伝導方程式の解 $y(u,x)$ は

$$y(u,x) = \sum_{n=0}^{\infty} C(n)\cdot\cos(n\pi u)\cdot e^{-an^2\pi^2 x}$$

ただし

$$C(n) = 2\int_0^1 g(u)\cdot\cos(n\pi u)\,du \qquad (n=0,1,2,\cdots)$$

ですね!!

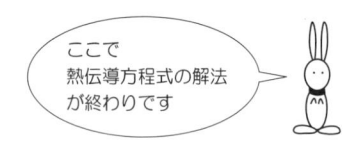

> ここで熱伝導方程式の解法が終わりです

エッ？　偏微分方程式の解が

$$\sum_{n=0}^{\infty} C(n)\cdot\cos(n\pi u)\cdot e^{-an^2\pi^2 x}$$

ではピンとこないって？

そうです．やはり答えはもっとはっきりした形で求めたいですね．　☞ p.114

◀︎ 左ページの説明です！

←① $g(u)$ は $0 \leq u \leq 1$ で定義された関数です．

フーリエ級数展開の定理を利用するために，
$g(u)$ を次のように偶関数 $G(u)$（$-1 \leq u \leq 1$）に拡張しておきます．

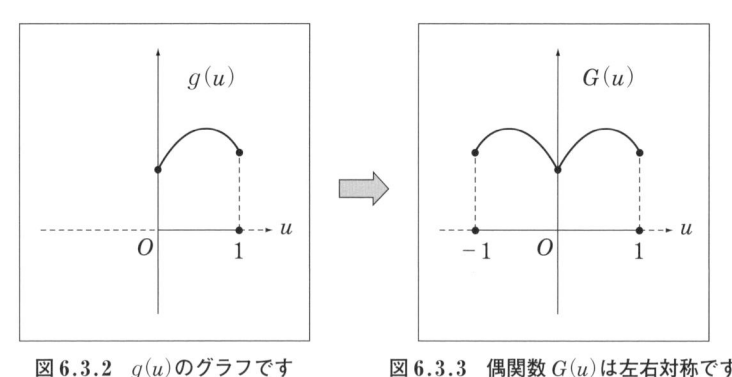

図 6.3.2　$g(u)$ のグラフです　　　図 6.3.3　偶関数 $G(u)$ は左右対称です

$G(u)$ は偶関数なので

$$G(u) = \sum_{n=0}^{\infty} C(n) \cdot \cos(n\pi u)$$

←$\cos(n\pi u)$ は偶関数です

となります．

ここで，フーリエ級数展開の定理を適用します．　　　☞ p.86
$L = 1$ とおくと，フーリエ係数 $C(n)$ は

$$C(n) = \int_{-1}^{1} G(u) \cdot \cos(n\pi u) du$$

となります．

$G(u)$ は偶関数なので，結局，フーリエ係数は

$$C(n) = 2\int_{0}^{1} g(u) \cdot \cos(n\pi u) du$$

となりました．

§6.3　熱伝導方程式を解く！　　113

§6.4 境界条件 $g(u) = \cos u$ が与えられると
熱伝導方程式の解も具体的に求められます!!

2変数関数
$$y(u, x) = \cos u \cdot e^{-x} \qquad \leftarrow ①$$
について
  (1) u による1階偏導関数 $y_u(u, x)$
  (2) u による2階偏導関数 $y_{uu}(u, x)$
  (3) x による1階偏導関数 $y_x(u, x)$
を求めてみましょう.

(1) $y_u(u, x) = \dfrac{\partial}{\partial u}(\cos u \cdot e^{-x}) = -\sin u \cdot e^{-x}$ $\leftarrow ②$

(2) $y_{uu}(u, x) = \dfrac{\partial}{\partial u}\left\{\dfrac{\partial}{\partial u}(\cos u \cdot e^{-x})\right\} = \dfrac{\partial}{\partial u}\left\{-\sin u \cdot e^{-x}\right\}$
               $= -\cos u \cdot e^{-x}$

(3) $y_x(u, x) = \dfrac{\partial}{\partial x}(\cos u \cdot e^{-x}) = -\cos u \cdot e^{-x}$

(2)と(3)から
$$y_{uu}(u, x) = y_x(u, x) \qquad \leftarrow \text{熱伝導方程式}$$
が成り立っていることがわかります. ということは……

逆に考えると,境界条件
$$\begin{cases} y(u, 0) = \cos u \\ y_u(0, x) = 0, \quad y_u(\pi, x) = 0 \end{cases}$$
のもとで,偏微分方程式
$$y_{uu}(u, x) = y_x(u, x) \qquad \leftarrow \text{熱伝導方程式の解}$$
の解は
$$y(u, x) = \cos u \cdot e^{-x}$$
になっているはずです.

確かにこれだと, $\sum_{n=0}^{\infty} C(n) \cdot \cos(n\pi u) \cdot e^{-an^2\pi^2 x}$ とちがって,
解のような気がしますね.

左ページの説明です！

←①　$x=0$ とすると，条件
$$y(u, 0) = \cos u$$
が出てきます．

←②　ここから，次の 2 つの条件が出てきます．
$$\begin{cases} y_u(0, x) = 0 \\ y_u(\pi, x) = 0 \end{cases}$$

Column　Excel で描くフーリエ級数（1）

次のフーリエ級数のグラフを描きましょう．

$$\sum_{n=1}^{\infty}\frac{2}{n\pi}(-1)^{n+1}\cdot\sin(n\pi x)$$

もちろん，$n=\infty$ までというのは無理ですから

$$\sum_{n=1}^{10}\frac{2}{n\pi}(-1)^{n+1}\cdot\sin(n\pi x)$$

までにしましょう．

手順 1　Excel のワークシートを用意して，A1 のセルに x を，A2 から A202 のセルに -1.00 から 1.00 までを入力します．

	A
1	x
2	-1.00
3	-0.99
4	-0.98
5	-0.97
6	-0.96
7	-0.95
8	-0.94
9	-0.93
10	-0.92
⋮	⋮
192	0.90
193	0.91
194	0.92
195	0.93
196	0.94
197	0.95
198	0.96
199	0.97
200	0.98
201	0.99
202	1.00
203	

☞ p.130 へつづく

◆第7章◆

株価変動の不思議

§7.1　ウィーナー過程，またの名をブラウン運動

次のグラフは，平均株価の動きです．

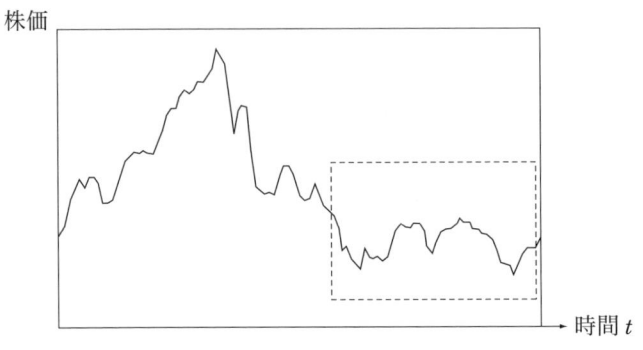

図 7.1.1　平均株価の変動

"このグラフの動きを数式で表現したい"
というのが，この章の課題です．

このグラフの動きをとらえるには，どのようにすればよいのでしょうか？

次のグラフを見てみましょう．このグラフは図 7.1.1 のグラフの中で，"右上りでもなく右下りでもない" ところの一部分を取り出しています．

←右上りでもなく
　右下りでもない

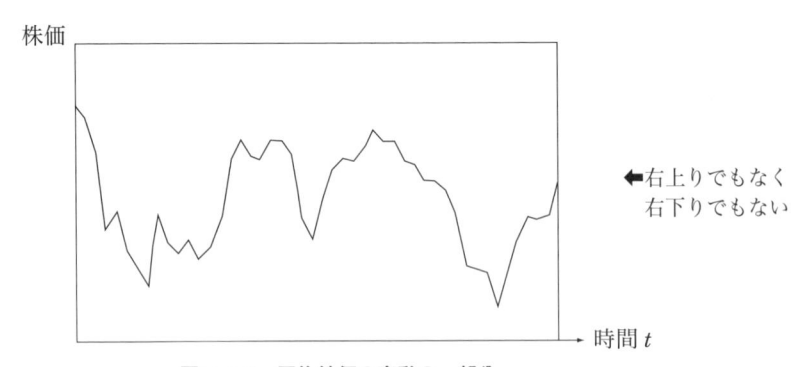

図 7.1.2　平均株価の変動の一部分

それでは，次のグラフはいかがでしょうか？
図7.1.2のグラフと図7.1.3のグラフを見比べると，なんとなくよく似ていますね！

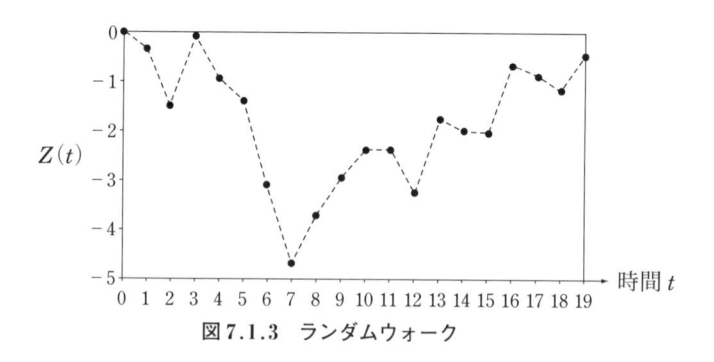

図7.1.3 ランダムウォーク

実は，図7.1.3のグラフは，次の条件のもとでつくられているのです．

ランダムウォークの条件

時点を $t_0 < t_1 < t_2 < \cdots < t_n$，そのときの時系列 $Z(t_i)$ を
$$Z(t_0),\ Z(t_1),\ Z(t_2),\ \cdots,\ Z(t_n)$$
としたとき，時系列の変化量
$$Z(t_k) - Z(t_{k-1}) \quad (k=1, 2, \cdots, n)$$
は，平均 0，分散 $(t_k - t_{k-1})$ の正規分布 $N(0, (t_k - t_{k-1}))$ に従う．

この条件は
$$\Delta Z = Z(t_k) - Z(t_{k-1}), \quad \Delta t = t_k - t_{k-1}$$
とおくと

ΔZ は，平均 0，分散 Δt の正規分布 $N(0, (\sqrt{\Delta t})^2)$ に従う

となります．

§7.1 ウィーナー過程，またの名をブラウン運動

標準偏差という言葉を使うなら

"ΔZ は，平均 0，標準偏差 $\sqrt{\Delta t}$ の正規分布 $N(0, (\sqrt{\Delta t})^2)$ に従う"
といいかえられます．

このような**離散的な時系列** $Z(t_i)$ $(i = 0, 1, 2, \cdots, n)$ の動きのことを，**ランダムウォーク**といいます．

このランダムウォークは，図 7.1.2 の日経平均株価のグラフの一部分とよく似ています．したがって

"株価変動の様子はランダムウォークで表現できる"
のではないかという気がしてきます．

↑参考文献 [1] 第 3 章，参考文献 [2] 第 10 章

ところで，図 7.1.3 のランダムウォークのグラフの幅 Δt を 0 に近づけてみると，次のグラフのようになります．

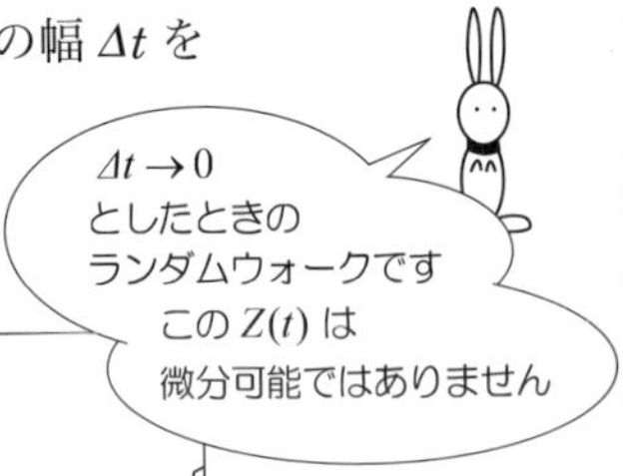

$\Delta t \to 0$ としたときのランダムウォークです このZ(t)は微分可能ではありません

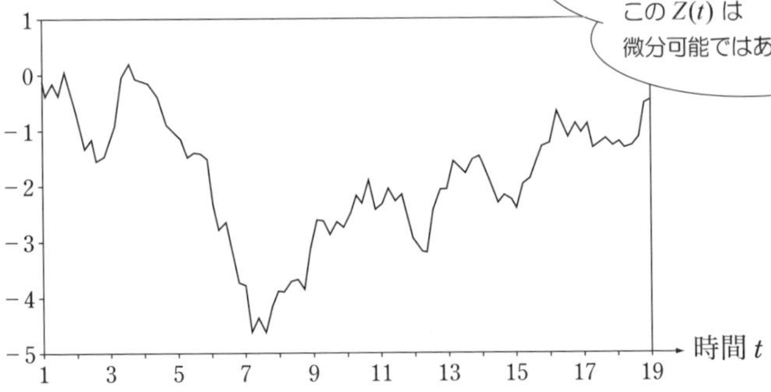

図 7.1.4 これがウィーナー過程

図 7.1.4 のような**連続的な時系列** $Z(t)$ の動きを**ウィーナー過程**といいます．
　つまり

"ランダムウォークの極限がウィーナー過程"
なのです．

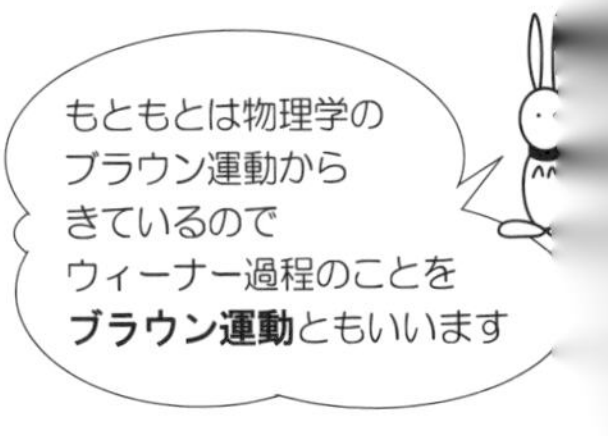

もともとは物理学のブラウン運動からきているのでウィーナー過程のことを**ブラウン運動**ともいいます

そこで，ウィーナー過程に従う**連続的な**時系列を $Z(t)$ とします．
$Z(t)$ を離散的に考えるならばランダムウォークに従っているので
$$\Delta Z = Z(t_k) - Z(t_{k-1}), \quad \Delta t = t_k - t_{k-1}$$
とおくと，

この ΔZ は，正規分布 $N(0, (\sqrt{\Delta t})^2)$ に従っている

となります．
次のことがわかっています． ☞ p.126

正規分布の性質：その1

X が標準正規分布 $N(0, 1^2)$ に従っているとき
$$b \cdot X \text{ は，正規分布 } N(0, b^2 \cdot 1^2) \text{ に従う．}$$

そこで，
"ΔZ は，正規分布 $N(0, (\sqrt{\Delta t})^2 \cdot 1^2)$ に従っている"
ので

ε が，平均 0，分散 1 の標準正規分布 $N(0, 1^2)$ に従う

のであれば
$$\Delta Z = \varepsilon \cdot \sqrt{\Delta t}$$

← $b = \sqrt{\Delta t}$
　$X = \varepsilon$

と表現できます．この表現は大切です!! 　●参考文献 [1] 第3章

ここで，$\Delta t \to 0$ としましょう．すると，ε が抜け落ちて
$$\Delta Z = \sqrt{\Delta t}$$
となります． ☞ §8.2

$Z(t)$ は微分可能ではないので，"微分" dZ を定義できません．が……
$\Delta t \to 0$ としたときの ΔZ を dZ で表すなら
$$dZ = \sqrt{dt}$$

← $dZ = \lim_{\Delta t \to 0} \Delta Z$

となります．"微分"の定義については p.11 をふり返ってください．

§7.1 ウィーナー過程，またの名をブラウン運動

§7.2　一般化したウィーナー過程

ランダムウォークやその極限のウィーナー過程を利用すると，"右上りでもなく，右下りでもない"ときの株価変動の様子を表現することができるということがわかりました．

それでは，次のような時系列 $X(t)$ のグラフを表現するには，どのように考えればよいのでしょうか？

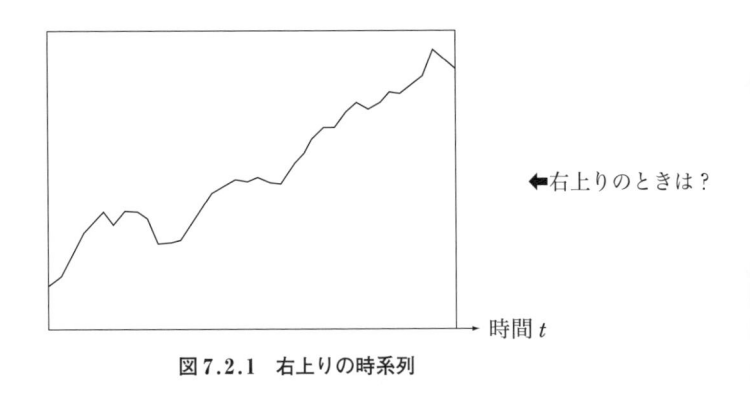

図7.2.1　右上りの時系列

←右上りのときは？

時間 t

図7.2.1のグラフは，次の図7.2.2に比べて，"右上り"になっています．

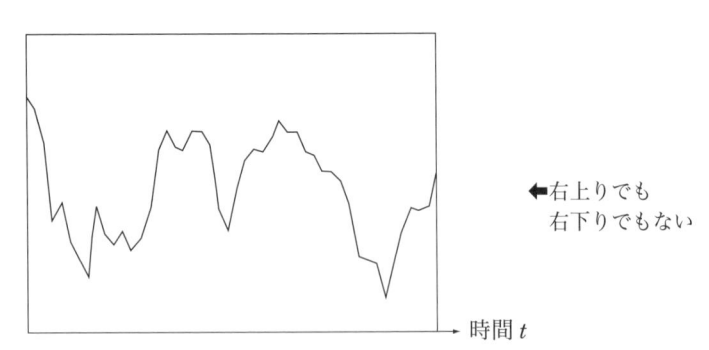

図7.2.2　右上りでも右下りでもない時系列

←右上りでも右下りでもない

時間 t

つまり……

次のように，2つのグラフが合体しているように見えます．

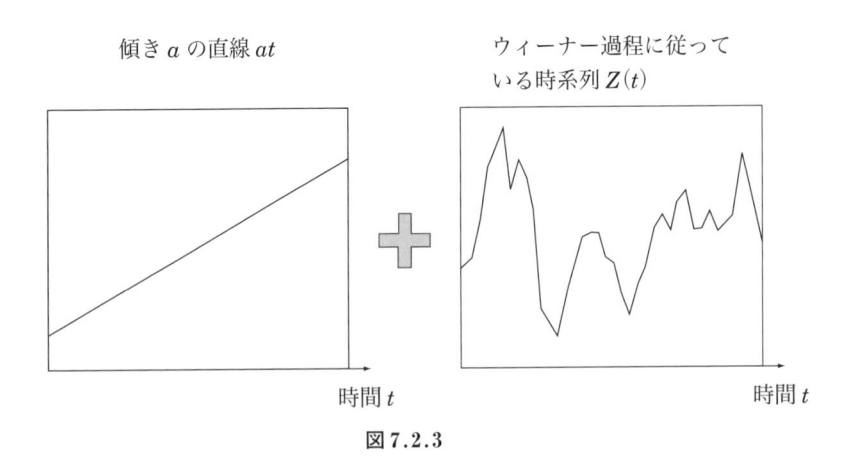

傾き a の直線 at ＋ ウィーナー過程に従っている時系列 $Z(t)$

図 7.2.3

したがって

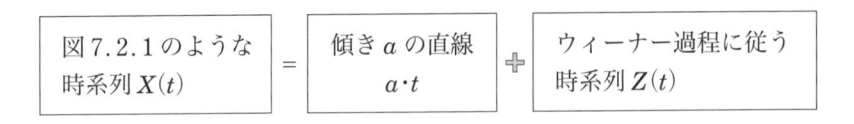

| 図 7.2.1 のような時系列 $X(t)$ | ＝ | 傾き a の直線 $a \cdot t$ | ＋ | ウィーナー過程に従う時系列 $Z(t)$ |

と表現できますから

$$X(t) = a \cdot t + b \cdot Z(t)$$

← a はドリフト率
b は定数

となります．

時系列 $X(t)$ の変化量 ΔX は

$$\Delta X = a \cdot \Delta t + b \cdot \Delta Z$$

← $\Delta X = a \cdot \Delta t + b \cdot \varepsilon \sqrt{\Delta t}$

となります．

このような時系列 $X(t)$ の動きを，**一般化したウィーナー過程**といいます．

たとえば，図7.1.4のウィーナー過程に対して，傾き $a=0.3$ の直線を加えてみると……

つまり
$$\Delta X = 0.3 \cdot \Delta t + 1 \cdot \Delta Z$$
とすると
この一般化したウィーナー過程の動きは次のようになります．

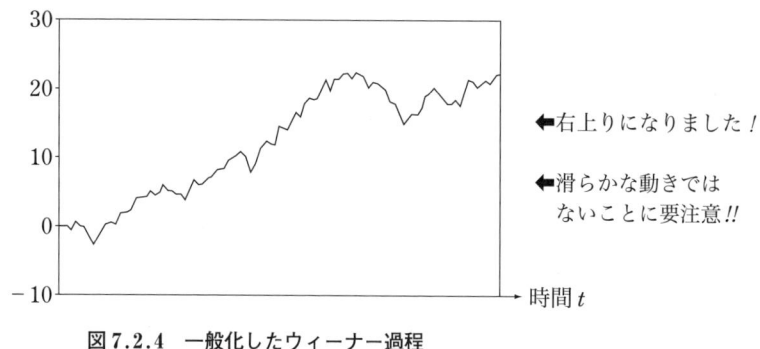

図7.2.4　一般化したウィーナー過程

←右上りになりました！

←滑らかな動きではないことに要注意!!

時系列 $X(t)$
$$X(t) = a \cdot t + b \cdot Z(t)$$
に対して
　　　時系列 $X(t)$ の変化量 ΔX は
$$\Delta X = a \cdot \Delta t + b \cdot \Delta Z$$
となりますから
　　　$\Delta t \to 0$ のとき，一般化したウィーナー過程は
$$dX = a \cdot dt + b \cdot dZ$$
と表すことにします．

一般化したウィーナー過程は，滑らかな動きではありませんが，
滑らかな動きのときの "d" と同じ記号を使っている
ことに注意しましょう!!

滑らかな動きでないときにも，同じ記号
"d"
を使うことによって，
"微分"
と同じように，扱えることがわかっています．

つまり……

滑らかな動きのときの
微分記号 "d" を
滑らかでない動きのときにも
そのまま使うということです

§7.2　一般化したウィーナー過程

ところで，正規分布の性質を使うと，次のことがわかります．
つまり，

ウィーナー過程と正規分布

時系列 $Z(t)$ が

　　　　　　ウィーナー過程に従って動いている

とき

　"ΔZ は

　　　　平均 0，標準偏差 $\sqrt{\Delta t}$ の正規分布 $N(0, (\sqrt{\Delta t})^2)$

　に従っている"

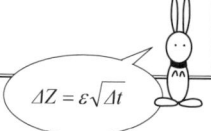

（$\Delta Z = \varepsilon\sqrt{\Delta t}$）

ので

一般化したウィーナー過程と正規分布

時系列 $X(t)$ が

　　　　　一般化したウィーナー過程に従って動いている

ならば

　"$\Delta X = a \cdot \Delta t + b \cdot \Delta Z$ は

　　平均 $a \cdot \Delta t$，標準偏差 $b \cdot \sqrt{\Delta t}$ の正規分布 $N(a \cdot \Delta t, (b \cdot \sqrt{\Delta t})^2)$

　に従っている"

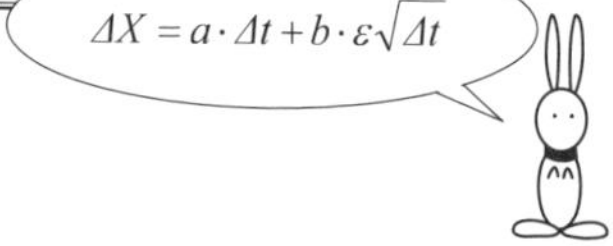

←①

（$\Delta X = a \cdot \Delta t + b \cdot \varepsilon\sqrt{\Delta t}$）

ことがわかります．

◢ 左ページの説明です！

← ①
┌─ 正規分布の性質：その2 ──────────────────┐
│ X が正規分布 $N(0, \sigma^2)$ に従っているとき
│ $a + bX$ は，正規分布 $N(a, b^2\sigma^2)$ に従う．
└────────────────────────────────┘

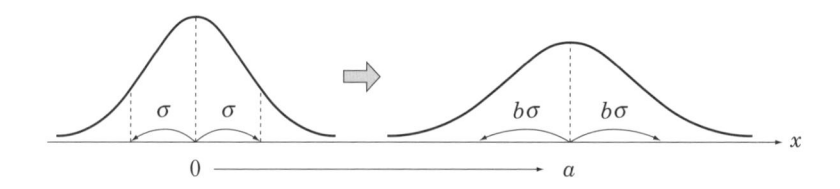

┌─ 正規分布の性質：その3 ──────────────────┐
│ X が正規分布 $N(\mu, \sigma^2)$ に従っているとき
│ $a + bX$ は，正規分布 $N(a + b\mu, b^2\sigma^2)$ に従う．
└────────────────────────────────┘

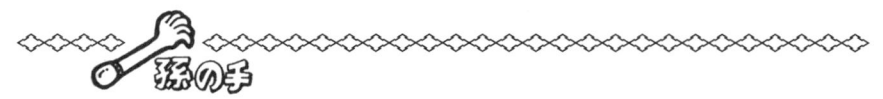

　一般化したウィーナー過程のことを**対数ウィーナー過程**とか，または**算術ブラウン運動**と呼ぶ人もいます．

§7.2　一般化したウィーナー過程

§7.3 伊藤過程……これは重要です！

時系列 $X(t)$ の変化量 ΔX が次の式に従って動いているとしましょう．
$$\Delta X = a(X,t) \cdot \Delta t + b(X,t) \cdot \Delta Z$$

このとき，この時系列 $X(t)$ の動きを**伊藤過程**といいます．

つまり，伊藤過程とは一般化したウィーナー過程
$$\Delta X = a \cdot \Delta t + b \cdot \Delta Z \qquad \Leftarrow \Delta X = a \cdot \Delta t + b \cdot \varepsilon \sqrt{\Delta t}$$
の定数 a, b の部分を，
さらに，X と t との関数 $a(X,t), b(X,t)$
$$a \longrightarrow a(X,t)$$
$$b \longrightarrow b(X,t)$$
に一般化したものなのです．

$\Delta t \to 0$ のとき，一般化したウィーナー過程を
$$dX = a \cdot dt + b \cdot dZ \qquad \Leftarrow (dZ)^2 = dt$$
と表しますから，伊藤過程は
$$dX = a(X,t) \cdot dt + b(X,t) \cdot dZ$$
と表現されます．

この伊藤過程を利用すると，有名な
"伊藤のレンマ"
を導くことができます!!

このレンマは重要です！

> 滑らかな動きのときに使う記号 "d" を
> 滑らかな動きでないときにも
> 使っていることに注意しましょう
> ウィーナー過程は
> いたるところ微分不可なので
> 滑らかな動きではありません

例　次の式は株価モデルの式です．

$$\frac{dS}{S} = \mu \cdot dt + \sigma \cdot dZ$$

ただし，
$\begin{cases} S = 株式の株価 \\ \mu = 期待収益率（単位時間当たり） \\ \sigma = ボラティリティ　（株価の） \end{cases}$

左辺の分母の S を右辺に移項すると

$$dS = \underbrace{\mu S \cdot dt}_{a(S,t)} + \underbrace{\sigma S \cdot dZ}_{b(S,t)}$$

← μS：ドリフト率
　 $\sigma^2 S^2$：分散

になります．

この右辺の $\mu S, \sigma S$ は共に S と t の関数と考えられますから

$$\mu S = a(S, t)$$
$$\sigma S = b(S, t)$$

したがって，

$$dS = a(S, t)dt + b(S, t)dZ$$

のように表現できますから，
この株価モデルの式は，伊藤過程になっていることがわかりますね．

ところで
$\frac{dS}{S} = \mu \cdot dt + \sigma \cdot dZ$
のことを
幾何ブラウン運動
ともいいます

§7.3　伊藤過程……これは重要です！

Column　Excel で描くフーリエ級数 (2) 　☞ p.116 のつづき

手順 2　B1 のセルに n=1 と入力.

	A	B	C	D	E	F	G	H
1	x	n=1						
2	−1.00							
3	−0.99							
4	−0.98							
5	−0.97							

手順 3　B2 のセルに ＝2＊SIN(PI()＊A2)/PI() と入力.　　←　$\dfrac{2}{\pi}\sin(\pi x)$

	A	B	C	D	E	F	G
1	x	n=1					
2	−1.00	=2*SIN(PI()*A2)/PI()					
3	−0.99						
4	−0.98						
5	−0.97						

手順 4　B2 のセルを [コピー] したら,
B3 から B202 までドラッグして, [貼り付け].

	A	B	C	D	E	F	G
1	x	n=1					
2	−1.00	−7.79954E-17					
3	−0.99	−0.01999671					
4	−0.98	−0.039973686					
5	−0.97	−0.059911213					
6	−0.96	−0.079789615					
7	−0.95	−0.099589274					
8	−0.94	−0.11929065					
⋮	⋮	⋮					
194	0.92	0.158320899					
195	0.93	0.138874301					
196	0.94	0.11929065					
197	0.95	0.099589274					
198	0.96	0.079789615					
199	0.97	0.059911213					
200	0.98	0.039973686					
201	0.99	0.01999671					
202	1.00	7.79954E-17					
203							

☞ p.142 へつづく

◆第8章◆

伊藤のレンマ……これが決め手です

§8.1 これが伊藤のレンマです！

伊藤のレンマ

X が伊藤過程
$$dX = a(X, t) \cdot dt + b(X, t) \cdot dZ$$
に従っているとき，
X と t の関数 $f(X, t)$ の動きは
$$df = \left(\frac{\partial f}{\partial X} \cdot a(X, t) + \frac{\partial f}{\partial t} + \frac{1}{2} \frac{\partial^2 f}{\partial X^2} \cdot \{b(X, t)\}^2 \right) \cdot dt + \frac{\partial f}{\partial X} \cdot b(X, t) \cdot dZ$$
に従います．

　重要な定理を証明するとき，このようなレンマを用意して次々と階段をよじ登ってゆきます．

　それでは，この"伊藤のレンマ"とはどのようなものなのか，そのしくみをのぞいてみましょう！

> レンマ
> ＝ Lemma
> ＝ 補題

▲ 左ページの説明です！

←① この伊藤のレンマは，次のように利用されます．

「株価 S が伊藤過程
$$dS = a(S,t) \cdot dt + b(S,t) \cdot dZ$$
に従っているとき，金融派生証券の価格 $f(S,t)$ の動きは
$$df = \left(\frac{\partial f}{\partial S} \cdot a(S,t) + \frac{\partial f}{\partial t} + \frac{1}{2} \frac{\partial^2 f}{\partial S^2} \cdot \{b(S,t)\}^2 \right) \cdot dt + \frac{\partial f}{\partial S} \cdot b(S,t) \cdot dZ$$
に従う．」

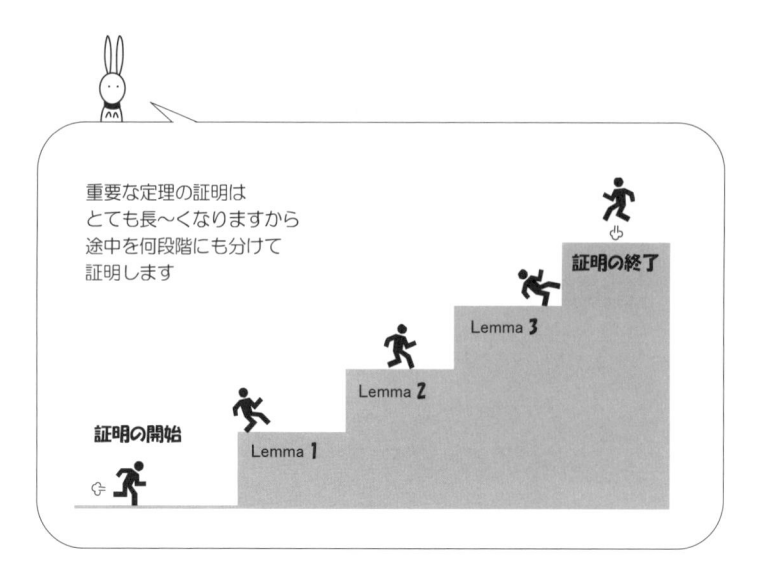

重要な定理の証明はとても長〜くなりますから途中を何段階にも分けて証明します

証明の開始 → Lemma 1 → Lemma 2 → Lemma 3 → 証明の終了

§8.1 これが伊藤のレンマです！ 133

伊藤のレンマの説明

関数 f の変化量 Δf は，2 変数関数のテイラー展開を利用すると

$$\Delta f = \frac{\partial f}{\partial X} \cdot \Delta X + \frac{\partial f}{\partial t} \cdot \Delta t$$

$$+ \frac{1}{2} \frac{\partial^2 f}{\partial X^2} \cdot (\Delta X)^2 + \frac{\partial^2 f}{\partial X \partial t} \cdot \Delta X \cdot \Delta t + \frac{1}{2} \frac{\partial^2 f}{\partial t^2} \cdot (\Delta t)^2 + \cdots$$

と表せます。

X が伊藤過程に従っているので，ΔX のところに

$$a(X, t) \cdot \Delta t + b(X, t) \cdot \Delta Z$$

を代入すると

$$\Delta f = \frac{\partial f}{\partial X} \{a(X, t) \cdot \Delta t + b(X, t) \cdot \Delta Z\} + \frac{\partial f}{\partial t} \cdot \Delta t$$

$$+ \frac{1}{2} \frac{\partial^2 f}{\partial X^2} \{a(X, t) \cdot \Delta t + b(X, t) \cdot \Delta Z\}^2$$

$$+ \frac{\partial^2 f}{\partial X \partial t} \{a(X, t) \cdot \Delta t + b(X, t) \cdot \Delta Z\} \cdot \Delta t + \frac{1}{2} \frac{\partial^2 f}{\partial t^2} \cdot (\Delta t)^2 + \cdots$$

となります。

したがって

$$\Delta f = \frac{\partial f}{\partial X} a(X, t) \cdot \underset{\to dt}{\Delta t} + \frac{\partial f}{\partial X} b(X, t) \cdot \underset{\to dZ}{\Delta Z} + \frac{\partial f}{\partial t} \cdot \underset{\to dt}{\Delta t}$$

$$+ \frac{1}{2} \frac{\partial^2 f}{\partial X^2} \{a(X,t)\}^2 \cdot \underset{\to 0}{(\Delta t)^2} + \frac{1}{2} \frac{\partial^2 f}{\partial X^2} \{b(X,t)\}^2 \cdot \underset{\to dt}{(\Delta Z)^2}$$

$$+ \frac{1}{2} \frac{\partial^2 f}{\partial X^2} \cdot 2 \cdot a(X, t) \cdot b(X, t) \cdot \underset{\to 0}{\Delta t \cdot \Delta Z}$$

$$+ \frac{\partial^2 f}{\partial X \partial t} a(X, t) \cdot \underset{\to 0}{(\Delta t)^2} + \frac{\partial^2 f}{\partial X \partial t} b(X, t) \cdot \underset{\to 0}{\Delta t \cdot \Delta Z}$$

$$+ \frac{1}{2} \frac{\partial^2 f}{\partial t^2} \cdot \underset{\to 0}{(\Delta t)^2} + \cdots$$

となります。

ここで
　　　"伊藤過程はウィーナー過程をさらに一般化したもの"
だったことを思い出しましょう．

　すると，ΔZ と Δt の間には
$$\Delta Z = \varepsilon \cdot \sqrt{\Delta t}$$
が成り立っているはずです．　　　　　　　　　　　　　　　☞ p.121

　そこで，$\Delta t \to 0$ としましょう．

　$\Delta t \to 0$ のときの ΔZ を dZ で表すならば，$\Delta t, \Delta Z, \Delta f$ はそれぞれ

$$\Delta t \to dt \qquad \Leftarrow いつでも\ dt = \Delta t$$
$$\Delta Z \to dZ \qquad \Leftarrow このとき\ dZ = \sqrt{dt}$$
$$\Delta f \to df$$

となります．このとき，
　"$(\Delta t)^2$ や $\Delta t \cdot \Delta Z$ のように，1次より大きい項は急速に0に近づく"
ので
$$(\Delta t)^2 \to 0$$
$$\Delta t \cdot \Delta Z = \varepsilon \cdot (\Delta t)^{\frac{3}{2}} \to 0$$
となりますが，
$(\Delta Z)^2$ の項は
$$(\Delta Z)^2 = \varepsilon^2 \cdot \Delta t \to (dZ)^2 = dt \qquad ☞ \S 8.2$$
になります．

　以上のことから
$$df = \frac{\partial f}{\partial X} \cdot a(X, t) \cdot dt + \frac{\partial f}{\partial X} \cdot b(X, t) \cdot dZ + \frac{\partial f}{\partial t} \cdot dt + \frac{1}{2} \frac{\partial^2 f}{\partial X^2} \cdot \{b(X, t)\}^2 \cdot dt$$
$$= \left(\frac{\partial f}{\partial X} \cdot a(X, t) + \frac{\partial f}{\partial t} + \frac{1}{2} \frac{\partial^2 f}{\partial X^2} \cdot \{b(X, t)\}^2 \right) \cdot dt + \frac{\partial f}{\partial X} \cdot b(X, t) \cdot dZ$$
となりました．

伊藤のレンマの
説明終わり

§8.1　これが伊藤のレンマです！

例題 8.1　S が伊藤過程
$$dS = \mu S \cdot dt + \sigma S \cdot dZ$$
に従っているとき
$$f(S, t) = \log S$$
の動き df を求めましょう．
ただし，μ と σ は定数です．

解答　$f(S, t) = \log S$ を S で偏微分すると
$$\frac{\partial f}{\partial S} = S^{-1}, \quad \frac{\partial^2 f}{\partial S^2} = -S^{-2}$$
になります．
　$f(S, t) = \log S$ を t で偏微分すると
$$\frac{\partial f}{\partial t} = 0$$
です．
　ところで，伊藤のレンマから
$$df = \left(\frac{\partial f}{\partial S} \cdot \mu S + \frac{\partial f}{\partial t} + \frac{1}{2} \frac{\partial^2 f}{\partial S^2} \cdot \sigma^2 S^2 \right) dt + \frac{\partial f}{\partial S} \sigma S \cdot dZ$$
が成り立っているので
$$df = \left(S^{-1} \cdot \mu S + 0 + \frac{1}{2} (-S^{-2}) \cdot \sigma^2 S^2 \right) dt + (S^{-1}) \sigma S \cdot dZ$$
$$= \left(\mu - \frac{\sigma^2}{2} \right) dt + \sigma \cdot dZ \quad \quad \leftarrow ①$$

となります．

左ページの説明です！

←① つまり

$$df = \left(\mu - \frac{\sigma^2}{2}\right) \cdot dt + \sigma \cdot dZ$$

が成り立つということは，$\mu - \frac{\sigma^2}{2}$ も σ も共に定数ですから

　"$f(S, t) = \log S$ は一般化したウィーナー過程に従っている"

ことを意味します.

$\log S$ の変化量を $\Delta \log S$ と表せば

$$\Delta \log S = \left(\mu - \frac{\sigma^2}{2}\right) \cdot \Delta t + \sigma \cdot \Delta Z$$

ですから

　"$\Delta \log S$ は，平均 $\left(\mu - \frac{\sigma^2}{2}\right)\Delta t$，標準偏差 $\sigma\sqrt{\Delta t}$ の

　　正規分布 $N\left(\left(\mu - \frac{\sigma^2}{2}\right)\Delta t, (\sigma\sqrt{\Delta t})^2\right)$ に従っている"

ことがわかります.

時点を

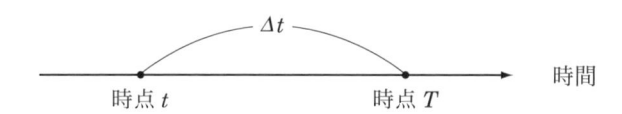

$$\underset{\text{時点 } t}{\bullet} \overset{\Delta t}{\frown} \underset{\text{時点 } T}{\bullet} \longrightarrow \text{時間}$$

とすると

$$\Delta \log S = \log S_T - \log S_t = \log \frac{S_T}{S_t}$$

なので

　"$\log \frac{S_T}{S_t}$ は，平均 $\left(\mu - \frac{\sigma^2}{2}\right)(T-t)$，標準偏差 $\sigma\sqrt{T-t}$ の

　　正規分布 $N\left(\left(\mu - \frac{\sigma^2}{2}\right)(T-t), (\sigma\sqrt{T-t})^2\right)$ に従っている"

と書き換えられます.

§8.1 これが伊藤のレンマです！

§8.2 素朴な疑問——なぜ $(dZ)^2 = dt$ となるの？

> **素朴な疑問？**
>
> $\Delta t \to 0$ のとき，なぜ
> $$(\Delta Z)^2 = \varepsilon^2 \cdot \Delta t \longrightarrow (dZ)^2 = dt$$
> になるのでしょうか？
>
> ☞ p.121, p.135

⬆参考文献 [3] 第3章

$\Delta t \to 0$ としたとき，
$$\Delta t \to dt, \quad \Delta Z \to dZ$$
ですから
$$(\Delta Z)^2 = \varepsilon^2 \cdot \Delta t \longrightarrow (dZ)^2 = \varepsilon^2 \cdot dt$$
となるように思えます．

なぜ ε^2 が抜け落ちたのでしょうか？

次のように考えてみてはいかがでしょう！

【素朴な考え方】
　p.121 をふり返ると……

　この ε は，標準正規分布 $N(0, 1^2)$ に従って（＝確率的に）動きますから，この $\varepsilon^2 \cdot \Delta t$ も，ある分布に従って（＝確率的に）動いているはずです．
　そこで，$(\Delta Z)^2$ の動き（＝分布）を調べてみましょう．

　そのためには，次の定理が必要です．

カイ2乗分布の定理

X が標準正規分布 $N(0, 1^2)$ に従って動いているとき，
　X^2 の動きは，平均 1，分散 2 の自由度 1 のカイ 2 乗分布に従う．

この定理を適用すると

　　　ε が標準正規分布に従って動いているとき，

> ε^2 の動きは
> 　平均 $E(\varepsilon^2) = 1$，分散 $\mathrm{Var}(\varepsilon^2) = 2$ の自由度 1 のカイ 2 乗分布に従っている

ことがわかります．

　$(\Delta Z)^2$ の平均 $E\{(\Delta Z)^2\}$ は，次のようになります．

$$
\begin{aligned}
E\{(\Delta Z)^2\} &= E(\varepsilon^2 \cdot \Delta t) &&\Leftarrow (\Delta Z)^2 = \varepsilon^2 \cdot \Delta t \\
&= \Delta t \cdot E(\varepsilon^2) &&\Leftarrow E(aX) = aE(X) \\
&= \Delta t \cdot 1 \\
&= \Delta t
\end{aligned}
$$

§8.2　素朴な疑問——なぜ $(dZ)^2 = dt$ となるの？

$(\Delta Z)^2$ の分散 $\mathrm{Var}\{(\Delta Z)^2\}$ は，次のようになります．

$$\begin{aligned}\mathrm{Var}\{(\Delta Z)^2\} &= \mathrm{Var}(\varepsilon^2 \cdot \Delta t) \\ &= (\Delta t)^2 \cdot \mathrm{Var}(\varepsilon^2) \\ &= (\Delta t)^2 \cdot 2 \\ &= 2(\Delta t)^2\end{aligned}$$

←$(\Delta Z)^2 = \varepsilon^2 \cdot \Delta t$

←$\mathrm{Var}(aX) = a^2 \cdot \mathrm{Var}(X)$

となります．

つまり……

"$(\Delta Z)^2$ の動きは，平均 Δt，分散 $2(\Delta t)^2$ の正規分布"

に従っているわけです．

そこで，$\Delta t \to 0$ とすると

$(\Delta Z)^2$ の分散 $2(\Delta t)^2$ は Δt の 2 乗の大きさ（= 2 乗の order）

ですから，

次の図のように $(\Delta Z)^2$ の分散は<u>急速</u>に 0 に近づきます．

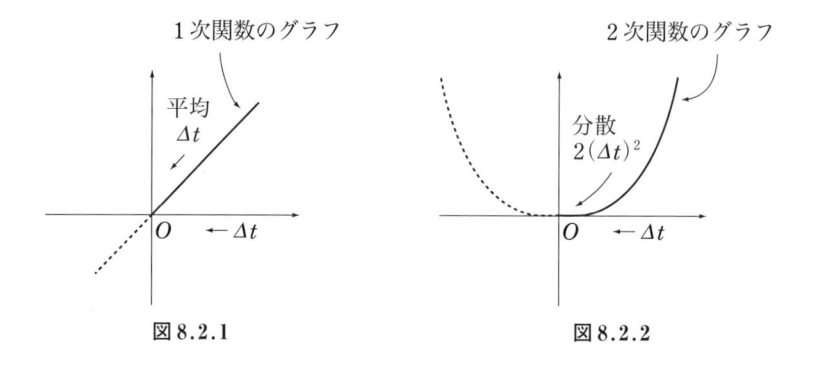

図 8.2.1

図 8.2.2

$(\Delta Z)^2$ の分散が 0 になるということは

$(\Delta Z)^2$ の動きにバラツキがなくなる

ということですから，

$\Delta t \to 0$ とすると

$(\Delta Z)^2$ の動きは<u>確率的でなくなった</u>

というわけです．

したがって，Δt が 0 に近づくと……

　　　　"$(\Delta Z)^2$ の動きは止まり，

　　　　　$(\Delta Z)^2$ の値は $(\Delta Z)^2$ の平均 Δt に等しくなる"

つまり，

　　　　$\Delta t \to 0$ のとき，$(dZ)^2 = \varepsilon^2 \cdot dt$ ではなく

　　　　　　　　　　　$(dZ)^2 = dt$

となりそうですね!!

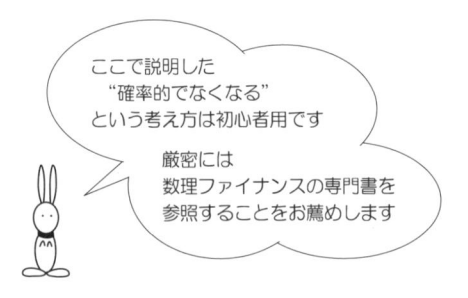

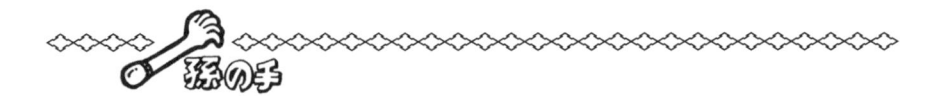

> ここで説明した
> "確率的でなくなる"
> という考え方は初心者用です
>
> 厳密には
> 数理ファイナンスの専門書を
> 参照することをお薦めします

■平均・分散・共分散の公式

1. $E(aX+b) = a \cdot E(X) + b$
    $\mathrm{Var}(aX+b) = a^2 \cdot \mathrm{Var}(X)$

2. $E(aX+bY) = a \cdot E(X) + b \cdot E(Y)$
    $\mathrm{Var}(aX+bY) = a^2 \cdot \mathrm{Var}(X) + b^2 \cdot \mathrm{Var}(Y) + 2ab \cdot \mathrm{Cov}(X, Y)$

3. $\mathrm{Cov}(X, bY+cZ) = b \cdot \mathrm{Cov}(X, Y) + c \cdot \mathrm{Cov}(X, Z)$

4. $E(aX+bY+cZ) = a \cdot E(X) + b \cdot E(Y) + c \cdot E(Z)$
    $\mathrm{Var}(aX+bY+cZ) = a^2 \cdot \mathrm{Var}(X) + b^2 \cdot \mathrm{Var}(Y) + c^2 \cdot \mathrm{Var}(Z)$
    $\qquad\qquad\qquad + 2ab \cdot \mathrm{Cov}(X, Y) + 2ac \cdot \mathrm{Cov}(X, Z) + 2bc \cdot \mathrm{Cov}(Y, Z)$

Column Excel で描くフーリエ級数 (3)   ☞ p.130 のつづき

手順 5　次に C1 のセルに n=2 と入力．

	A	B	C	D	E	F	G
1	x	n=1	n=2				
2	-1.00	-7.79954E-17					
3	-0.99	-0.01999671					
4	-0.98	-0.039973686					
5	-0.97	-0.059911213					
6	-0.96	-0.079789615					

手順 6　C2 に ＝－2＊SIN(2＊PI()＊A2)/(2＊PI()) と入力．　　← $-\dfrac{2}{2\pi}\sin(2\pi x)$

	A	B	C	D	E	F	G
1	x	n=1	n=2				
2	-1.00	-7.79954E-17	=-2*SIN(2*PI()*A2)/(2*PI())				
3	-0.99	-0.01999671					
4	-0.98	-0.039973686					
5	-0.97	-0.059911213					
6	-0.96	-0.079789615					

手順 7　C2 のセルを［コピー］したら，
　　　　C3 から C202 までドラッグして，［貼り付け］．

	A	B	C	D	E	F	G
1	x	n=1	n=2				
2	-1.00	-7.79954E-17	-7.79954E-17				
3	-0.99	-0.01999671	-0.019986843				
4	-0.98	-0.039973686	-0.039894807				
5	-0.97	-0.059911213	-0.059645325				
6	-0.96	-0.079789615	-0.07916045				
7	-0.95	-0.099589274	-0.098363164				
8	-0.94	-0.11929065	-0.117177684				
9	-0.93	-0.138874301	-0.135529758				

　　　　　　⋮　　　　⋮　　　　⋮

194	0.92	0.158320899	0.153346957				
195	0.93	0.138874301	0.135529758				
196	0.94	0.11929065	0.117177684				
197	0.95	0.099589274	0.098363164				
198	0.96	0.079789615	0.07916045				
199	0.97	0.059911213	0.059645325				
200	0.98	0.039973686	0.039894807				
201	0.99	0.01999671	0.019986843				
202	1.00	7.79954E-17	7.79954E-17				
203							

☞ p.154 へつづく

◆第⑨章◆

よくわかるブラック・ショールズの偏微分方程式のつくり方

§9.1 ポートフォリオでリスク分散を！

ブラック・ショールズの偏微分方程式のつくり方は簡単です*!!*

伊藤のレンマとポートフォリオをよくかき混ぜるだけで，だれにでも偏微分方程式を構成することができます．

その**ポートフォリオ**とは？　　　　　　　　　　　　　←①

― ポートフォリオの定義 ―

ポートフォリオとは
　　いくつかの株式，債券，通貨などの資産 $W_1, W_2, \cdots, W_p$ の組合せのことです．
　　時点 t における資産の価格，保有する資産の単位数，資産の収益率をそれぞれ，次のようにします．

価　格	$W_1(t)$	$W_2(t)$	$\cdots$	$W_p(t)$
単位数	$n_1(t)$	$n_2(t)$	$\cdots$	$n_p(t)$
収益率	$R_1(t)$	$R_2(t)$	$\cdots$	$R_p(t)$

　このとき……
　ポートフォリオの価値 $W(t)$ は
$$W(t) = n_1(t)W_1(t) + n_2(t)W_2(t) + \cdots + n_p(t)W_p(t)$$
となります．
　ポートフォリオの収益率 $R(t)$ は
$$R(t) = \frac{n_1(t)W_1(t)}{W(t)}R_1(t) + \frac{n_2(t)W_2(t)}{W(t)}R_2(t) + \cdots + \frac{n_p(t)W_p(t)}{W(t)}R_p(t)$$
となります．

← ① ポートフォリオの平均（リターン）と分散（リスク）の例

　　　　A証券の投資収益率を X,　　投資比率を 0.6
　　　　B証券の投資収益率を Y,　　投資比率を 0.4
としたとき，ポートフォリオの収益率は
$$0.6X + 0.4Y$$
です。

← $X = R_1(t)$
$Y = R_2(t)$
$0.6 = \dfrac{n_1(t)W_1(t)}{W(t)}$
$0.4 = \dfrac{n_2(t)W_2(t)}{W(t)}$

このポートフォリオの平均と分散を計算してみると……

$$\begin{aligned}
\text{ポートフォリオの平均} &= E(0.6X + 0.4Y) \\
&= 0.6E(X) + 0.4E(Y)
\end{aligned}$$

$$\begin{aligned}
\text{ポートフォリオの分散} &= \text{Var}(0.6X + 0.4Y) \\
&= 0.6^2\,\text{Var}(X) + 0.4^2\,\text{Var}(Y) \\
&\quad + 2 \times 0.6 \times 0.4\,\text{Cov}(X, Y) \\
&= 0.36\,\text{Var}(X) + 0.16\,\text{Var}(Y) \\
&\quad + 0.48\,\text{Cov}(X, Y)
\end{aligned}$$

☞ p.141

となります。

　なぜ，ポートフォリオを構成するのでしょうか？
　その理由（わけ）は……
　　　"ポートフォリオをうまく構成することによって
　　　　　リスク（＝分散）を小さくすることができる"
からなのです。

標準偏差 $= \sqrt{分散}$ を**リスク**ともいいます

§9.1　ポートフォリオでリスク分散を！

§9.2 ブラック・ショールズの偏微分方程式をつくりましょう

株価 S が伊藤過程

$$dS = \mu S \cdot dt + \sigma S \cdot dZ \quad \leftarrow ①$$

に従っているとします．

すると，伊藤のレンマから

"株価 S による派生証券の価格 $f(S, t)$ の微分 df"

は

$$df = \left\{ \frac{\partial f}{\partial S} \cdot \mu S + \frac{\partial f}{\partial t} + \frac{1}{2} \frac{\partial^2 f}{\partial S^2} \cdot \sigma^2 S^2 \right\} dt + \frac{\partial f}{\partial S} \cdot \sigma S \cdot dZ$$

に従うことがわかります．

ここで，次のポートフォリオをつくってみましょう． $\leftarrow ②$

──── ポートフォリオ ── これはウマイ考え !! ────

株価 S の株式を $\dfrac{\partial f}{\partial S}$ 単位買い，価格 $f(S,t)$ の派生証券を 1 単位売る

このポートフォリオの価値は

$$\frac{\partial f}{\partial S} \cdot S - 1 \cdot f(S, t) \quad \leftarrow ③$$

となります．

したがって，Δt 時間でのポートフォリオの変化量は

$$\frac{\partial f}{\partial S} \cdot \Delta S - 1 \cdot \Delta f \quad \leftarrow ④$$

です．

◆ 左ページの説明です！

←① μ は期待収益率で，σ は株価ボラティリティです．
　　この式の両辺を S で割ると

$$\frac{1}{S}dS = \frac{1}{S}\{\mu S \cdot dt + \sigma S \cdot dZ\}$$

$$\frac{dS}{S} = \mu \cdot dt + \sigma \cdot dZ$$

なので，$\frac{dS}{S}$ は一般化したウィーナー過程になっています． ☞ p.124

（吹き出し）対数ウィーナー過程 または 幾何ブラウン運動 ともいいます

←② すると，ブラック・ショールズの偏微分方程式を導くことができます．

←③ ブラック・ショールズの論文では

$$x - \frac{w}{w_1} \qquad \cdots (2)$$

に対応しています．ただし

$$f(S,t) \quad \longleftrightarrow \quad w(x,t)$$

$$\frac{\partial f}{\partial S} \quad \longleftrightarrow \quad w_1(x,t)$$

ですから，正確に対応させると

$$\frac{\partial f}{\partial S} S - 1 \cdot f(S,t) \quad \longleftrightarrow \quad w_1 \cdot x - w$$

となります．

←$w_1 \cdot x - w$
$= w_1\left(x - \frac{w}{w_1}\right)$

←④ ブラック・ショールズの論文では

$$\Delta x - \frac{\Delta w}{w_1} \qquad \cdots (3)$$

のところです．

§9.2 ブラック・ショールズの偏微分方程式をつくりましょう

この式の ΔS と Δf に，伊藤のレンマの

$$\begin{cases} \Delta S = \mu S \cdot \Delta t + \sigma S \cdot \Delta Z \\ \Delta f = \left\{ \dfrac{\partial f}{\partial S} \cdot \mu S + \dfrac{\partial f}{\partial t} + \dfrac{1}{2} \dfrac{\partial^2 f}{\partial S^2} \cdot \sigma^2 S^2 \right\} \cdot \Delta t + \dfrac{\partial f}{\partial S} \cdot \sigma S \cdot \Delta Z \end{cases}$$

を代入すると

$$\dfrac{\partial f}{\partial S} \cdot \Delta S - 1 \cdot \Delta f$$

$$= \dfrac{\partial f}{\partial S} \left\{ \mu S \cdot \Delta t + \underline{\sigma S \cdot \Delta Z} \right\}$$

$$- \left\{ \dfrac{\partial f}{\partial S} \cdot \mu S + \dfrac{\partial f}{\partial t} + \dfrac{1}{2} \dfrac{\partial^2 f}{\partial S^2} \cdot \sigma^2 S^2 \right\} \cdot \Delta t - \underline{\dfrac{\partial f}{\partial S} \cdot \sigma S \cdot \Delta Z}$$

$$= \left\{ -\dfrac{\partial f}{\partial t} - \dfrac{1}{2} \dfrac{\partial^2 f}{\partial S^2} \cdot \sigma^2 S^2 \right\} \cdot \Delta t \qquad \uparrow ①$$

となります．

したがって

$$\dfrac{\partial f}{\partial S} \cdot \Delta S - 1 \cdot \Delta f = \left\{ -\dfrac{\partial f}{\partial t} - \dfrac{1}{2} \dfrac{\partial^2 f}{\partial S^2} \cdot \sigma^2 S^2 \right\} \cdot \Delta t$$

となりました．

左ページの説明です！

←① つまり，このポートフォリオをつくると
　　　"ウィーナー過程 ΔZ の部分を消去することができる"
というわけです．

　要するに，ΔZ の部分はランダム・ウォークの動きなので取り扱いが大変です．

　そこで，ΔZ の部分を消去するために
$$\Delta S = \mu S \cdot \Delta t + \sigma S \cdot \Delta Z$$
の両辺に $\dfrac{\partial f}{\partial S}$ をかけて

$$\frac{\partial f}{\partial S} \cdot \Delta S = \frac{\partial f}{\partial S} \cdot \mu S \cdot \Delta t + \frac{\partial f}{\partial S} \cdot \sigma S \cdot \Delta Z$$

$$-\Big) \quad \Delta f = \frac{\partial f}{\partial S} \cdot \mu S \cdot \Delta t + \frac{\partial f}{\partial t} \cdot \Delta t + \frac{1}{2} \frac{\partial^2 f}{\partial S^2} \cdot \sigma^2 S^2 \cdot \Delta t + \frac{\partial f}{\partial S} \cdot \sigma S \cdot \Delta Z$$

$$\frac{\partial f}{\partial S} \cdot \Delta S - \Delta f = \left\{ -\frac{\partial f}{\partial t} - \frac{1}{2} \frac{\partial^2 f}{\partial S^2} \cdot \sigma^2 S^2 \right\} \cdot \Delta t$$

のように，引き算をしたという理由(わけ)です．

§9.2　ブラック・ショールズの偏微分方程式をつくりましょう

この右辺

$$\left\{-\frac{\partial f}{\partial t} - \frac{1}{2}\frac{\partial^2 f}{\partial S^2}\cdot\sigma^2 S^2\right\}\cdot\Delta t$$

の中は，ウィーナー過程の動きの部分 ΔZ が消え去っています．

つまり，ΔZ の部分が消去されたということは

　　"上で構成されたポートフォリオは

　　　　この Δt 時間の間，リスクがなくなっている"

ということを意味します．

そこで，非危険利子率を r とすれば

$$\frac{\partial f}{\partial S}\cdot\Delta S - \Delta f = r\cdot\left(\frac{\partial f}{\partial S}\cdot S - 1\cdot f(S,t)\right)\cdot\Delta t \qquad \leftarrow ①$$

が成立するはずです．

したがって

$$\left\{-\frac{\partial f}{\partial t} - \frac{1}{2}\frac{\partial^2 f}{\partial S^2}\cdot\sigma^2 S^2\right\}\cdot\Delta t = r\cdot\left(\frac{\partial f}{\partial S}\cdot S - 1\cdot f(S,t)\right)\cdot\Delta t \qquad \leftarrow ②$$

となり，この両辺から Δt をとれば

$$-\frac{\partial f}{\partial t} - \frac{1}{2}\frac{\partial^2 f}{\partial S^2}\cdot\sigma^2 S^2 = r\cdot\left(\frac{\partial f}{\partial S}\cdot S - 1\cdot f(S,t)\right)$$

となります．

さらに，カッコをはずすと

$$-\frac{\partial f}{\partial t} - \frac{1}{2}\frac{\partial^2 f}{\partial S^2}\cdot\sigma^2 S^2 = r\cdot\frac{\partial f}{\partial S}\cdot S - r\cdot f(S,t)$$

となりますね！

そこで……

左ページの説明です！

←①　ブラック・ショールズの論文では

　　Thus the change in the equity（5）must equal the value of the equity（2）times $r\Delta t$

となっています．

←②　ブラック・ショールズの論文では

$$-\left(\frac{1}{2}w_{11}v^2x^2 + w_2\right)\frac{\Delta t}{w_1} = \left(x - \frac{w}{w_1}\right)r\Delta t \quad \cdots (6)$$

に対応しています．

この式を書き直せば……

ブラック・ショールズの偏微分方程式

$$r \cdot f(S, t) = \frac{\partial f}{\partial t} + \frac{1}{2} \frac{\partial^2 f}{\partial S^2} \cdot \sigma^2 S^2 + r \cdot \frac{\partial f}{\partial S} \cdot S$$

←①

のできあがりです．

　つまり，この式は
　　　　　"株価 S の派生証券の価格を $f(S, t)$ としたとき
　　　　　　　 $f(S, t)$ が満たすべき偏微分方程式"
ということになります．

　この偏微分方程式を解くことができれば
　　　　　"派生証券（＝株価オプション）の価格評価公式"
が求まるわけです．

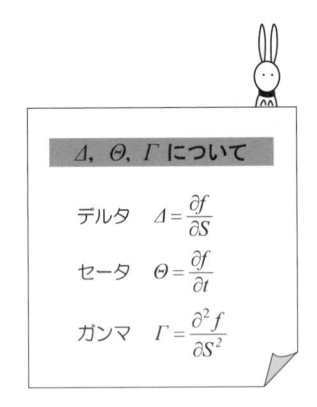

Δ, Θ, Γ について

デルタ　　$\Delta = \dfrac{\partial f}{\partial S}$

セータ　　$\Theta = \dfrac{\partial f}{\partial t}$

ガンマ　　$\Gamma = \dfrac{\partial^2 f}{\partial S^2}$

左ページの説明です！

← ① ブラック・ショールズの論文では

$$w_2 = rw - rxw_1 - \frac{1}{2}v^2x^2w_{11} \qquad \cdots(7)$$

のところに対応しています．つまり，変形すると

$$rw = w_2 + \frac{1}{2}v^2x^2w_{11} + rxw_1$$

となりますね．

ブラック・ショールズの論文の記号と，この本の記号の対応は次のようになっています．

表 9.2.1

ブラック・ショールズの論文の記号	⟷	この本の記号
x	⟷	S
v	⟷	σ
w	⟷	$f(S, t)$
w_1	⟷	$\dfrac{\partial f}{\partial S}$
w_{11}	⟷	$\dfrac{\partial^2 f}{\partial S^2}$
w_2	⟷	$\dfrac{\partial f}{\partial t}$

§9.2 ブラック・ショールズの偏微分方程式をつくりましょう

Column　Excel で描くフーリエ級数 (4)　☜ p.142のつづき

手順 8　D1 に n=3 と入力.
　　　　　D2 に ＝2＊SIN(3＊PI()＊A2)/(3＊PI()) と入力.　　←　$\dfrac{2}{3\pi}\sin(3\pi x)$

	A	B	C	D	E	F
1	x	n=1	n=2	n=3		
2	-1.00	-7.79954E-17	-7.79954E-17	=2*SIN(3*PI()*A2)/(3*PI())		
3	-0.99	-0.019999671	-0.019986843			
4	-0.98	-0.039973696	-0.039894807			

手順 9　D2 のセルを [コピー] して,
　　　　　D3 から D202 までドラッグして, [貼り付け] ます.

手順 10　同じようにして……

　　　　　E1 のセルに n=4,　　E2 のセルに　$-\dfrac{2}{4\pi}\sin(4\pi x)$

　　　　　F1 のセルに n=5,　　F2 のセルに　$\dfrac{2}{5\pi}\sin(5\pi x)$

　　　　　G1 のセルに n=6,　　G2 のセルに　$-\dfrac{2}{6\pi}\sin(6\pi x)$

　　　　　H1 のセルに n=7,　　H2 のセルに　$\dfrac{2}{7\pi}\sin(7\pi x)$

　　　　　I1 のセルに n=8,　　I2 のセルに　$-\dfrac{2}{8\pi}\sin(8\pi x)$

　　　　　J1 のセルに n=9,　　J2 のセルに　$\dfrac{2}{9\pi}\sin(9\pi x)$

　　　　　K1 のセルに n=10,　 K2 のセルに　$-\dfrac{2}{10\pi}\sin(10\pi x)$

　　　　　を入力し, [コピー], [貼り付け] を繰り返します.

☞ p.192 へつづく

◆第10章◆

ここでブラック・ショールズの偏微分方程式を"イッキ"に解きましょう!!

ブラック・ショールズの偏微分方程式を解くために，今まで準備してきた

微分，偏微分，積分，無限積分，フーリエ級数

常微分方程式の公式，偏微分方程式の公式

を積み重ねてゆきます．

それは，次のような長〜い道のりです．

ブラック・ショールズの偏微分方程式

$$f_t(S,t) + r \cdot S \cdot f_S(S,t) + \frac{1}{2}\sigma^2 S^2 \cdot f_{SS}(S,t) = r \cdot f(S,t)$$

⇩

が出発点です．

はじめに

$$f(S,t) = e^{-r(T-t)} \cdot y(u,x)$$

と置きます．すると……

⇩

$$y_{uu}(u,x) - \frac{2}{\sigma^2} \cdot y_x(u,x) = 0 \qquad \text{←熱伝導方程式}$$

⇩

次に

$$y(u,x) = V(u) \cdot W(x)$$

と置きます．

ここで道は分かれて……

⇙　　　　　　　　　　　　　　⇘

定数係数2階線型微分方程式　　　　　　　　**変数分離形**

$$V_{uu}(u) + k^2 V(u) = 0 \qquad\qquad W_x(x) + \frac{\sigma^2 k^2}{2} W(x) = 0$$

⇩　　　　　　　　　　　　　　⇩

$$V(u) = C(k) \cdot \cos(ku) + D(k) \cdot \sin(ku) \qquad W(x) = C \cdot e^{-\frac{\sigma^2 k^2}{2}x}$$

⇘　　　　　　　　　　　　　　⇙

また道は1つになって……

⇩

フーリエ積分展開を適用します．

$$y(u, x) = \int_0^{+\infty} \Big(C(k) \cdot \cos(ku) + D(k) \cdot \sin(ku) \Big) e^{-\frac{\sigma^2 k^2}{2} x} dk$$

⇩

$$y(u, x) = \frac{1}{\sigma\sqrt{2\pi x}} \int_{-\infty}^{+\infty} g(a) \cdot e^{-\frac{1}{2}\left(\frac{a-u}{\sigma\sqrt{x}}\right)^2} da$$

⇩

境界条件より……

$$y(u, x) = \frac{1}{\sqrt{2\pi}} \int_{-\frac{u}{\sigma\sqrt{x}}}^{+\infty} (X \cdot e^{u+\sigma\sqrt{x}v} - X) e^{-\frac{v^2}{2}} dv$$

⇩

$$y(u, v) = \frac{1}{\sqrt{2\pi}} \int_{-\frac{u}{\sigma\sqrt{x}}}^{+\infty} X \cdot e^{u+\sigma\sqrt{x}v} \cdot e^{-\frac{v^2}{2}} dv - \frac{1}{\sqrt{2\pi}} \int_{-\frac{u}{\sigma\sqrt{x}}}^{+\infty} X \cdot e^{-\frac{v^2}{2}} dv$$

⇩

標準正規分布から

$$y(u, v) = S \cdot e^{rx} \cdot N\left(\frac{u}{\sigma\sqrt{x}} + \sigma\sqrt{x}\right) - X \cdot N\left(\frac{u}{\sigma\sqrt{x}}\right)$$

⇩

ついに，求める解が姿を現しました．

コールオプションの公式

$$f(S, t) = S \cdot N\left(\frac{u}{\sigma\sqrt{x}} + \sigma\sqrt{x}\right) - X \cdot e^{-rx} \cdot N\left(\frac{u}{\sigma\sqrt{x}}\right)$$

これが求めるブラック・ショールズの偏微分方程式の解です!!

ブラック・ショールズの偏微分方程式と境界条件から，旅は始まります．

ブラック・ショールズの偏微分方程式

$$f_t(S,t) + r \cdot S \cdot f_S(S,t) + \frac{1}{2}\sigma^2 S^2 \cdot f_{SS}(S,t) = r \cdot f(S,t) \quad \leftarrow ①$$

$$境界条件：f(S_T, T) = \begin{cases} S_T - X & \cdots \text{ if } S_T \geq X \\ 0 & \cdots \text{ if } S_T < X \end{cases} \quad \leftarrow ②$$

途中，この境界条件は次のように変換されます．

1回目の変数変換

$$\begin{cases} x = T - t \\ u = \log \dfrac{S}{X} + \left(r - \dfrac{\sigma^2}{2}\right)(T-t) \end{cases}$$

$\Rightarrow$

境界条件

$$y(u, 0) = \begin{cases} X \cdot e^u - X & \cdots \; u \geq 0 \\ 0 & \cdots \; u < 0 \end{cases}$$
$$= g(u)$$

2回目の変数変換

$$v = \frac{a - u}{\sigma \sqrt{x}}$$

$\Rightarrow$

境界条件

$$g(a) = g(u + \sigma\sqrt{x}\,v) = \begin{cases} X \cdot (e^{u + \sigma u} - 1) & \cdots \; v \geq -\dfrac{u}{\sigma\sqrt{x}} \\ 0 & \cdots \; v < -\dfrac{u}{\sigma\sqrt{x}} \end{cases}$$

具体的には，次のように解いてゆきます．
まず……

左ページの説明です！

←① ブラック・ショールズの論文では
$$w_2 + rxw_1 + \frac{1}{2}v^2x^2w_{11} = rw$$
となっています. $w = w(x, t)$ なので, 次の3つの式はすべて同じ式です.
$$w_t + rxw_x + \frac{1}{2}v^2x^2w_{xx} = rw$$
$$w_t(x, t) + rxw_x(x, t) + \frac{1}{2}v^2x^2w_{xx}(x, t) = rw(x, t)$$
$$\frac{\partial w}{\partial t} + rx\frac{\partial w}{\partial x} + \frac{1}{2}v^2x^2\frac{\partial^2 w}{\partial x^2} = rw$$

←② この条件は, 時点 t が満期 T になったときの境界条件です.
　満期の株価 S_T がオプションの行使価格 X より小さいときには,
コールオプションの価値はありませんから権利は施行されず
$$f(S_T, T) = 0$$
となります. ブラック・ショールズの論文では境界条件は
$$w(x, t^*) = \begin{cases} x - c, & x \geq c \\ 0, & x < c \end{cases}$$
となっています.

記号の説明

　　　　　　t　　　x　　　T

　　　　　　●━━━━━━━━━●━━━━━━▶ 時間
　　　　　　現在　　　　　　　満期日

　　S：現在の株価　　　　　S_T：時点 T の株価
　　σ：株価のボラティリティ　　X：オプションの
　　r：非危険利子率　　　　　　　　行使価格
　　$f(S, t)$：コールオプションの価値
　　　　　（1株当たり）

ブラック・ショールズの偏微分方程式

$$f_t(S,t) + r \cdot S \cdot f_S(S,t) + \frac{1}{2}\sigma^2 S^2 \cdot f_{SS}(S,t) = r \cdot f(S,t)$$

に対し，次の 2 つの変数 u と x を導入します．

つまり，

$$(S, t) \text{ を } (u, x) \text{ に}$$

変数変換します．

---
1 回目の変数変換

$$\begin{cases} u = \log \dfrac{S}{X} + \left(r - \dfrac{\sigma^2}{2}\right)(T-t) \\ x = T - t \end{cases}$$

←①

$f(S,t)$ は，もちろん S と t の関数なのですが，この 2 つの変数 x と u を使って，$f(S,t)$ を次のように表現してみます．

$$\begin{aligned} f(S,t) &= e^{-r(T-t)} \cdot y(u,x) \\ &= e^{-rx} \cdot y(u,x) \end{aligned}$$

←②

ただし，$y(u,x)$ は未知の関数です．

関数 $f(S,t)$ を，このように 2 つの関数 e^{-rx} と $y(u,x)$ の積で表現することにより，ブラック・ショールズの偏微分方程式は

"とても簡単な偏微分方程式に書き換えることができる"

のです．

そこで

$$f_S(S,t), \quad f_t(S,t), \quad f_{SS}(S,t)$$

←③

をそれぞれ計算してみると……

◢ 左ページの説明です！

←① t と T の関係は

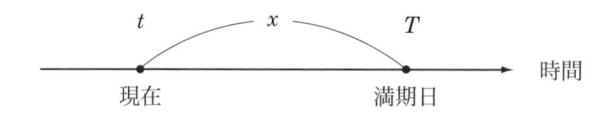

```
        t ─── x ─── T
        ●           ●         → 時間
       現在        満期日
```

となっているので，x には
$$x \geqq 0$$
という条件がついていることに，注意しましょう．

←② ブラック・ショールズの論文では
　　　　　$y(u, x)$ のことを $y(u, s)$ と表現しています．

←③ $f_S(S, t) = \dfrac{\partial}{\partial S} f(S, t)$　　　　　← S で偏微分します

　　$f_{SS}(S, t) = \dfrac{\partial^2}{\partial S^2} f(S, t) = \dfrac{\partial}{\partial S}\left(\dfrac{\partial}{\partial S} f(S, t)\right)$　　← S で2回偏微分します

　　$f_t(S, t) = \dfrac{\partial}{\partial t} f(S, t)$　　　　　← t で偏微分します

[1] $f_S(S,t)$ の計算

$f_S(S,t)$ は $f(S,t)$ を S で偏微分すればよいので,

$$f_S(S,t) = \frac{\partial}{\partial S} f(S,t)$$

$$= \underbrace{\frac{\partial}{\partial u} f(S,t) \cdot \frac{\partial u}{\partial S} + \frac{\partial}{\partial x} f(S,t) \cdot \frac{\partial x}{\partial S}}_{①}$$

$$= \frac{\partial}{\partial u}\left\{e^{-rx} \cdot y(u,x)\right\} \cdot \frac{\partial u}{\partial S} + \frac{\partial}{\partial x}\left\{e^{-rx} \cdot y(u,x)\right\} \cdot \frac{\partial x}{\partial S}$$

$$= \underbrace{e^{-rx} \cdot \frac{\partial}{\partial u} y(u,x)}_{②} \cdot \frac{\partial u}{\partial S} + \underbrace{\left\{-re^{-rx} \cdot y(u,x) + e^{-rx} \cdot \frac{\partial}{\partial x} y(u,x)\right\}}_{③} \cdot \underbrace{0}_{④}$$

$$= e^{-rx} \cdot \frac{\partial}{\partial u} y(u,x) \cdot \underbrace{\frac{1}{S}}_{⑤}$$

$$= e^{-rx} \cdot y_u(u,x) \cdot \frac{1}{S}$$

左ページの説明です！

←① 合成関数の微分公式　　　　　　　　　　◯『よくわかる微分積分』p.188

$$\frac{\partial f}{\partial S} = \frac{\partial f}{\partial u}\frac{\partial u}{\partial S} + \frac{\partial f}{\partial x}\frac{\partial x}{\partial S}$$

←② $e^{-rx}y(u,x)$ を u で偏微分すると，
　　e^{-rx} は u に関しては定数とみなされるので

$$\frac{\partial}{\partial u}\left\{e^{-rx}\cdot y(u,x)\right\} = e^{-rx}\cdot\frac{\partial}{\partial u}y(u,x)$$

　　　　　　　　　　　　　　　　　　　　　　←k を定数とすると
　　　　　　　　　　　　　　　　　　　　　　　$(k\cdot f(x))' = k\cdot f'(x)$
　　　　　　　　　　　　　　　　　　　　　◯『よくわかる微分積分』p.18

←③ 積の微分公式
$$\{f(x)g(x)\}' = f'(x)g(x) + f(x)g'(x)$$
　　　　　　　　　　　　　　　　　　　　　◯『よくわかる微分積分』p.18
　　指数関数の微分公式
$$(e^{ax})' = ae^{ax}$$

←④ x は S に関して定数とみなされるので
$$(\text{定数})' = 0$$

←⑤ $(\log S)' = \dfrac{1}{S}$ なので

$$\left(\log\frac{S}{X}\right)' = (\log S - \log X)' = (\log S)' - 0 = \frac{1}{S}$$

したがって

$$\frac{\partial}{\partial S}u = \frac{\partial}{\partial S}\left(\log\frac{S}{X} + \left(r - \frac{\sigma^2}{2}\right)(T-t)\right) = \frac{\partial}{\partial S}\left(\log\frac{S}{X}\right) = \frac{1}{S}$$

となります。

[2]　$f_t(S, t)$の計算

$f_t(S, t)$は$f(S, t)$をtで偏微分します.

$$f_t(S, t) = \frac{\partial}{\partial t} f(S, t)$$

$$= \underbrace{\frac{\partial}{\partial u} f(S, t) \cdot \frac{\partial u}{\partial t} + \frac{\partial}{\partial x} f(S, t) \cdot \frac{\partial x}{\partial t}}_{\text{①}}$$

$$= \frac{\partial}{\partial u} \left\{ e^{-rx} \cdot y(u, x) \right\} \cdot \frac{\partial u}{\partial t} + \frac{\partial}{\partial x} \left\{ e^{-rx} \cdot y(u, x) \right\} \cdot \frac{\partial x}{\partial t}$$

$$= \underbrace{e^{-rx} \cdot \frac{\partial}{\partial u} y(u, x)}_{\text{②}} \cdot \underbrace{\left\{ -\left(r - \frac{\sigma^2}{2} \right) \right\}}_{\text{③}} + \underbrace{\left\{ -r \cdot e^{-rx} \cdot y(u, x) + e^{-rx} \cdot \frac{\partial}{\partial x} y(u, x) \right\}}_{\text{④}} \cdot \underbrace{(-1)}_{\text{⑤}}$$

$$= e^{-rx} \left[-\left(r - \frac{\sigma^2}{2} \right) \cdot \frac{\partial}{\partial u} y(u, x) + r \cdot y(u, x) - \frac{\partial}{\partial x} y(u, x) \right]$$

$$= e^{-rx} \left[-\left(r - \frac{\sigma^2}{2} \right) \cdot \underbrace{y_u(u, x)}_{\text{⑥}} + r \cdot y(u, x) - \underbrace{y_x(u, x)}_{\text{⑦}} \right]$$

左ページの説明です！

←① 合成関数の微分公式　　　　　　　○『よくわかる微分積分』p.188

$$\frac{\partial f}{\partial t} = \frac{\partial f}{\partial u}\frac{\partial u}{\partial t} + \frac{\partial f}{\partial x}\frac{\partial x}{\partial t}$$

←② e^{-rx} は u に関して定数とみなされるので．

←③ $u = \log \dfrac{S}{X} + \left(r - \dfrac{\sigma^2}{2}\right)(T-t)$ を t で偏微分するために

$$\frac{\partial}{\partial t}\left(\log \frac{S}{X}\right) = 0, \quad \frac{\partial}{\partial t}(T-t) = -1$$

　　を使います．

←④ $(f(x)g(x))' = f'(x)g(x) + f(x)g'(x)$
　　$(e^{ax})' = ae^{ax}$

←⑤ $\dfrac{\partial}{\partial t}x = \dfrac{\partial}{\partial t}(T-t) = -1$

←⑥ $\dfrac{\partial}{\partial u}y(u,x)$ のことを $y_u(u,x)$ と表現します．

←⑦ $\dfrac{\partial}{\partial x}y(u,x)$ のことを $y_x(u,x)$ と表現します．

[3] $f_{SS}(u,x)$ の計算

$f_{SS}(u,x)$ は $f(u,x)$ を S で2回偏微分します．

$$
\begin{aligned}
f_{SS}(u,x) &= \frac{\partial^2}{\partial S^2} f(S,t) \\
&= \frac{\partial}{\partial S} \underbrace{\left\{ f_S(S,t) \right\}}_{①} \\
&= \frac{\partial}{\partial S} \underbrace{\left\{ e^{-rx} \cdot \frac{\partial}{\partial u} y(u,x) \cdot \frac{1}{S} \right\}}_{②} \\
&= e^{-rx} \cdot \frac{\partial}{\partial S} \left\{ \frac{\partial}{\partial u} y(u,x) \cdot \underbrace{S^{-1}}_{③} \right\} \\
&= e^{-rx} \underbrace{\left[\frac{\partial}{\partial S} \frac{\partial}{\partial u} y(u,x) \cdot S^{-1} - \frac{\partial}{\partial u} y(u,x) \cdot S^{-2} \right]}_{④} \\
&= \frac{e^{-rx}}{S^2} \left[\frac{\partial}{\partial S} \frac{\partial}{\partial u} y(u,x) \cdot S - \frac{\partial}{\partial u} y(u,x) \right] \\
&= \frac{e^{-rx}}{S^2} \left[\underbrace{\frac{1}{S} \frac{\partial^2}{\partial u^2} y(u,x)}_{⑤} \cdot S - \frac{\partial}{\partial u} y(u,x) \right] \\
&= \frac{e^{-rx}}{S^2} \left[\underbrace{y_{uu}(u,x)}_{⑥} - \underbrace{y_u(u,x)}_{⑦} \right]
\end{aligned}
$$

左ページの説明です！

←① $\dfrac{\partial^2}{\partial S^2}$ は S で 2 回偏微分をすることなので

$$\dfrac{\partial^2}{\partial S^2}f(S,t) = \dfrac{\partial}{\partial S}\left\{\dfrac{\partial}{\partial S}f(S,t)\right\}$$

$\dfrac{\partial}{\partial S}f(S,t)$ のことを，$f_S(S,t)$ と表現します．

←② p.162 で計算しました．

←③ S^{-1} の -1 は逆数のことなので　　　　　　　　　←一般に $S^{-n}=\dfrac{1}{S^n}$

$$S^{-1}=\dfrac{1}{S}$$

←④ $(f(x)g(x))' = f'(x)g(x) + f(x)g'(x)$　　　　　　←積の微分公式
$(S^{-1})' = -1 \cdot S^{-2}$

←⑤ $\dfrac{\partial}{\partial S}\left\{\dfrac{\partial}{\partial u}y(u,x)\right\} = \dfrac{\partial}{\partial u}\left\{\dfrac{\partial}{\partial u}y(u,x)\right\}\cdot\dfrac{\partial u}{\partial S} + \dfrac{\partial}{\partial x}\left\{\dfrac{\partial}{\partial u}y(u,x)\right\}\cdot\underbrace{\dfrac{\partial x}{\partial S}}_{=0}$

$$= \dfrac{1}{S}\dfrac{\partial^2}{\partial u^2}y(u,x) + 0$$

←⑥ u の 2 階偏微分 $\dfrac{\partial^2}{\partial u^2}y(u,x)$ のことを $y_{uu}(u,x)$ と表現します．

←⑦ u の 1 階偏微分 $\dfrac{\partial}{\partial u}y(u,x)$ のことを $y_u(u,x)$ と表現します．

[1], [2], [3] の計算結果を，ブラック・ショールズの偏微分方程式

$$f_t(S,t) + r \cdot S \cdot f_S(S,t) + \frac{1}{2}\sigma^2 S^2 \cdot f_{SS}(S,t) = r \cdot f(S,t)$$

の左辺に代入してみると……

左辺：

$$f_t(S,t) + r \cdot S \cdot f_S(S,t) + \frac{1}{2}\sigma^2 S^2 \cdot f_{SS}(S,t)$$

$$= e^{-rx}\left[-\left(r - \frac{\sigma^2}{2}\right)y_u(u,x) + r \cdot y(u,x) - y_x(u,x)\right] + r \cdot S \cdot e^{-rx} \cdot y_u(u,x) \cdot \frac{1}{S}$$

$$+ \frac{1}{2}\sigma^2 S^2 \cdot \frac{e^{-rx}}{S^2}\left[y_{uu}(u,x) - y_u(u,x)\right]$$

$$= e^{-rx}\left[-\left(r - \frac{\sigma^2}{2}\right)y_u(u,x) + r \cdot y(u,x) - y_x(u,x) + r \cdot y_u(u,x)\right.$$

$$\left. + \frac{1}{2}\sigma^2 \cdot y_{uu}(u,x) - \frac{1}{2}\sigma^2 \cdot y_u(u,x)\right] \quad \Leftarrow ①$$

$$= e^{-rx}\left[r \cdot y(u,x) - y_x(u,x) + \frac{1}{2}\sigma^2 \cdot y_{uu}(u,x)\right]$$

右辺：

$$r \cdot f(S,t) = r \cdot e^{-rx} \cdot y(u,x) = e^{-rx}[r \cdot y(u,x)] \quad \Leftarrow ②$$

したがって

$$左辺 = 右辺$$

とすると

$$e^{-rx}\left[r \cdot y(u,x) - y_x(u,x) + \frac{1}{2}\sigma^2 \cdot y_{uu}(u,x)\right] = e^{-rx}[r \cdot y(u,x)]$$

となります。

そこで，両辺から e^{-rx} を消去すると

$$r \cdot y(u,x) - y_x(u,x) + \frac{1}{2}\sigma^2 \cdot y_{uu}(u,x) = r \cdot y(u,x) \quad \Leftarrow ③$$

◢ 左ページの説明です！

←①　$-r \cdot y_u(u,x) + r \cdot y_u(u,x) = 0$

　　$\dfrac{\sigma^2}{2} \cdot y_u(u,x) - \dfrac{\sigma^2}{2} \cdot y_u(u,x) = 0$

←②　$f(S,t) = e^{-rx} \cdot y(u,x)$　　　　　　　　☞ p.160

←③　同じ項が2つありますネ！

つまり

$$-y_x(u,x) + \frac{1}{2}\sigma^2 \cdot y_{uu}(u,x) = 0$$

となるので，ブラック・ショールズの偏微分方程式は

$$\boxed{y_{uu}(u,x) - \frac{2}{\sigma^2} \cdot y_x(u,x) = 0}$$ ←①

となりました*!!*

このとき，境界条件は

$$y(u,0) = \begin{cases} X \cdot (e^u - 1) & \cdots \ u \geqq 0 \\ 0 & \cdots \ u < 0 \end{cases}$$ ←②

に変わります．

この偏微分方程式

$$y_{uu}(u,x) - \frac{2}{\sigma^2} \cdot y_x(u,x) = 0$$

は，変数分離形を利用すると，次のように解くことができます．

変数分離形とは，$y(u,x)$ を 2 つの関数 $V(u), W(x)$ の積

$$y(u,x) = V(u) \cdot W(x)$$

で表現してみるということです．

すると

$$y_{uu}(u,x) = V_{uu}(u) \cdot W(x)$$
$$y_x(u,x) = V(u) \cdot W_x(x)$$

ですから

$$y_{uu}(u,x) - \frac{2}{\sigma^2} \cdot y_x(u,x) = 0$$

に代入して

$$V_{uu}(u) \cdot W(x) - \frac{2}{\sigma^2} \cdot V(u) \cdot W_x(x) = 0$$

したがって

$$V_{uu}(u) \cdot W(x) = \frac{2}{\sigma^2} \cdot V(u) \cdot W_x(x)$$

となります．そこで……

左ページの説明です！

← ① p.99 の熱伝導方程式
$$\frac{\partial y}{\partial x} = a\frac{\partial^2 y}{\partial u^2} \quad (a>0)$$
を変形すると
$$\frac{\partial^2 y}{\partial u^2} - \frac{1}{a}\frac{\partial y}{\partial x} = 0 \longleftrightarrow y_{uu} - \frac{1}{a}y_x = 0$$
となります．

← ② $t=T$ とおくと，$x=T-t=0$，$S=S_T$ になります．

☆ $f(S, t) = e^{-rx} y(u, x)$ に $t=T$ を代入すると
$f(S_T, T) = e^{-r\cdot 0} \cdot y(u, 0)$
$\qquad\quad = y(u, 0)$ ← $e^0 = 1$

☆☆ $u = \log\dfrac{S}{X} + \left(r - \dfrac{\sigma^2}{2}\right)(T-t)$ に $t=T$ を代入すると
$u = \log\dfrac{S_T}{X} + 0$

$e^u = \dfrac{S_T}{X}$

$Xe^u = S_T$

　したがって，境界条件
$$f(S_T, T) = \begin{cases} S_T - X & \cdots\ S_T \geq X \\ 0 & \cdots\ S_T < X \end{cases}$$
は，$S_T = Xe^u$ より，境界条件
$$y(u, 0) = \begin{cases} Xe^u - X & \cdots\ u \geq 0 \\ 0 & \cdots\ u < 0 \end{cases}$$
に変わります．

u の関数 $V_{uu}(u), V(u)$ を左辺に，x の関数 $W(x), W_x(x)$ を右辺にそろえると

$$\frac{V_{uu}(u)}{V(u)} = \frac{2}{\sigma^2} \frac{W_x(x)}{W(x)}$$

となります．この式は

"左辺は u だけの関数" ＝ "右辺は x だけの関数"

ですから

$$\frac{V_{uu}(u)}{V(u)} = \frac{2}{\sigma^2} \frac{W_x(x)}{W(x)} = -k^2 \quad \Leftarrow ①$$

のように，u と x に無関係な定数 $-k^2$ $(0 \leq k < \infty)$ になります．

ということは，この微分方程式は次の2つの微分方程式と同じことです．

$$(\text{ア}) \quad \frac{V_{uu}(u)}{V(u)} = -k^2 \qquad (\text{イ}) \quad \frac{2}{\sigma^2} \frac{W_x(x)}{W(x)} = -k^2$$

そこで，(ア)，(イ) の微分方程式を解いてみましょう．

(ア) の微分方程式を解く

$$\frac{V_{uu}(u)}{V(u)} = -k^2$$

の分母を払って

$$V_{uu}(u) + k^2 \cdot V(u) = 0$$

とします．この微分方程式は

"定数係数2階線型微分方程式"

なので，公式から解 $V(u)$ は

$$V(u) = C_1 \cdot \cos(ku) + C_2 \cdot \sin(ku) \quad \Leftarrow ②$$

です．ここで，C_1, C_2 は k に関する定数なので，それぞれ次のように

$$C_1 \rightarrow C(k), \quad C_2 \rightarrow D(k)$$

$C(k), D(k)$ と変えておきます．したがって

$$V(u) = C(k) \cdot \cos(ku) + D(k) \cdot \sin(ku)$$

となりました．

▲ 左ページの説明です！

← ① $\dfrac{V_{uu}}{V} = \dfrac{2}{\sigma^2}\dfrac{W_x}{W} = \lambda$ とおくと,

$$\dfrac{V_{uu}}{V} = \lambda, \qquad \dfrac{2}{\sigma^2}\dfrac{W_x}{W} = \lambda$$

より

$$V_{uu} - \lambda \cdot V = 0, \qquad W_x - \dfrac{\sigma^2}{2}\lambda \cdot W = 0$$

となります．この定数係数2階線型微分方程式の特性方程式は

$$S^2 - \lambda = 0$$

です． ☞ p.80

(ⅰ) $\lambda > 0$ の場合

$$V(u) = C_1 \cdot e^{\sqrt{\lambda}u} + C_2 \cdot e^{-\sqrt{\lambda}u}, \qquad W(x) = e^{\frac{\sigma^2}{2}\lambda x}$$

より

$$y(u,x) = V(u) \cdot W(x) = \{C_1 \cdot e^{\sqrt{\lambda}u} + C_2 \cdot e^{-\sqrt{\lambda}u}\} \cdot e^{\frac{\sigma^2}{2}\lambda x}$$

となりますが，この解は

境界条件 " $y(u,0) = 0 \quad \cdots \quad u \leqq 0$ "

を満たしません．

(ⅱ) $\lambda = 0$ の場合

$$V(u) = C_1 + C_2 \cdot u, \qquad W(x) = e^{\frac{\sigma^2}{2}\lambda x}$$

より

$$y(u,x) = V(u) \cdot W(x) = (C_1 + C_2 \cdot u) \cdot e^{\frac{\sigma^2}{2}\lambda x}$$

となりますが，この解も

境界条件 " $y(u,0) = 0 \quad \cdots \quad u \leqq 0$ "

を満たしません．

以上の (ⅰ), (ⅱ) から

$\lambda < 0$ の場合

のみ，考えればよいことがわかります．

← ② 定数係数2階線型微分方程式の解の公式より． ☞ p.80

(イ) の微分方程式を解く

$$\frac{W_x(x)}{W(x)} = -\frac{\sigma^2 k^2}{2}$$

の分母を払って

$$W_x(x) + \frac{\sigma^2 k^2}{2} \cdot W(x) = 0$$

とします．この微分方程式は

$$\text{"変数分離形"}$$

なので，公式から解 $W(x)$ は

$$W(x) = C_3 \cdot e^{-\frac{\sigma^2 k^2}{2} x} \qquad \Leftarrow ①$$

となります．

以上の(ア), (イ)から, $y(u, x)$ は

$$\begin{aligned} y(u, x) &= V(u) \cdot W(x) \\ &= (C(k) \cdot \cos ku + D(k) \cdot \sin ku) \cdot C_3 \cdot e^{-\frac{\sigma^2 k^2}{2} x} \\ &= (C(k) \cdot \cos ku + D(k) \cdot \sin ku) \cdot e^{-\frac{\sigma^2 k^2}{2} x} \qquad \Leftarrow ② \end{aligned}$$

となりました．これが求める偏微分方程式の解のひとつです．

これらの解をすべての k ($0 \leq k < \infty$) について重ね合わせた関数

$$\int_0^{+\infty} (C(k) \cdot \cos ku + D(k) \cdot \sin ku) \cdot e^{-\frac{\sigma^2 k^2}{2} x} dk \qquad \Leftarrow ③$$

も，偏微分方程式の解になります．

そこで，あらためて

$$y(u, x) = \int_0^{+\infty} (C(k) \cdot \cos ku + D(k) \cdot \sin ku) \cdot e^{-\frac{\sigma^2 k^2}{2} x} dk$$

とおきます．

▲ 左ページの説明です！

←① 変数分離形の公式で，$a = \dfrac{\sigma^2 k^2}{2}$ とおきます． ☞ p.76

←② これは $C_3 = 1$ としたのではなく
　　　"$C(k) \cdot C_3$ も $D(k) \cdot C_3$ も，共に k に関する定数"
なので，あらためて
　　　$C(k) \cdot C_3$ のことを $C(k)$
　　　$D(k) \cdot C_3$ のことを $D(k)$
と置き換えました．

←③ $\{y_k(u, x)\}$ を微分方程式の解とすると
$$\sum_{k=1}^{+\infty} y_k(u, x) \ \cdots\cdots \ k \text{ が離散の場合 }(k = 1, 2, 3, \cdots)$$
$$\int_0^{+\infty} y_k(u, x) dk \ \cdots\cdots \ k \text{ が連続の場合 }(0 \leq k < +\infty)$$
も，微分方程式の解になっています．

> この性質を**重ね合わせの原理**といいましたね

次に，この解がはじめに与えられた条件を満足するように，係数 $C(k), D(k)$ を決めましょう． ←①

$y(u,x)$ の式において，$x=0$ とすると
$$y(u,0) = \int_0^{+\infty}(C(k)\cdot\cos ku + D(k)\cdot\sin ku)dk$$

になります．

$y(u,0)$ は u だけの関数なので，<u>簡単のために</u>
$$y(u,0) = g(u)$$ ←②

とおきます．そこで次の等式
$$g(u) = \int_0^{+\infty}(C(k)\cdot\cos ku + D(k)\cdot\sin ku)dk$$

が成り立つように，係数 $C(k), D(k)$ を決めればよいわけです．

ところが……

この等式はフーリエ積分展開そのものですから，係数 $C(k), D(k)$ は

$$\begin{cases} C(k) = \dfrac{1}{\pi}\int_{-\infty}^{+\infty} g(u)\cdot\cos ku\, du \\ D(k) = \dfrac{1}{\pi}\int_{-\infty}^{+\infty} g(u)\cdot\sin ku\, du \end{cases}$$ ←③

とすればよいわけですね．

ところで，このままだと，次のページで記号が混乱してしまいます．

その記号の混乱をさけるために

$$\begin{cases} C(k) = \dfrac{1}{\pi}\int_{-\infty}^{+\infty} g(a)\cdot\cos ka\, da \\ D(k) = \dfrac{1}{\pi}\int_{-\infty}^{+\infty} g(a)\cdot\sin ka\, da \end{cases}$$ ←④

と書き換えておきましょう．

（吹き出し：$e^0 = 1$）

◢ 左ページの説明です！

←①　この係数を決定するときに
$$\text{フーリエの積分定理}$$
を利用します．

←②　境界条件（＝初期条件）は次のようになります．
$$g(u) = \begin{cases} Xe^u - X & \cdots \ u \geqq 0 \\ 0 & \cdots \ u < 0 \end{cases}$$

←③　p.90にフーリエの積分定理があります．
　　$-\infty$ から $+\infty$ まで無限積分をしているので
$$\int_{-\infty}^{+\infty} g(u) \cdot \cos ku \, du \ \text{も}$$
$$\int_{-\infty}^{+\infty} g(u) \cdot \sin ku \, du \ \text{も}$$
定数になりますね*!!*

←④　境界条件も
$$g(a) = \begin{cases} X \cdot e^a - X & \cdots \ a \geqq 0 \\ 0 & \cdots \ a < 0 \end{cases}$$
と変わります．

ブラック・ショールズの偏微分方程式の解
$$f(S,t) = e^{r(t-T)} \cdot \underline{y(u,x)}$$
の右側の部分
$$y(u,x) = \int_0^{+\infty} (C(k) \cdot \cos ku + D(k) \cdot \sin ku) \cdot e^{-\frac{\sigma^2 k^2}{2}x} dk$$
の2つの係数 $C(k), D(k)$ に，
今求めたフーリエの積分定理の結果を代入してみると……

$$y(u,x) = \int_0^{+\infty} \Big[\Big\{ \frac{1}{\pi} \int_{-\infty}^{+\infty} g(a) \cdot \cos ka \, da \Big\} \cos ku$$
$$+ \Big\{ \frac{1}{\pi} \int_{-\infty}^{+\infty} g(a) \cdot \sin ka \, da \Big\} \sin ku \Big] \cdot e^{-\frac{\sigma^2 k^2}{2}x} dk$$

$$= \int_0^{+\infty} \Big[\frac{1}{\pi} \int_{-\infty}^{+\infty} g(a) \cdot \cos ka \cdot \cos ku \, da$$
$$+ \frac{1}{\pi} \int_{-\infty}^{+\infty} g(a) \cdot \sin ka \cdot \sin ku \, da \Big] \cdot e^{-\frac{\sigma^2 k^2}{2}x} dk \quad \leftarrow ①$$

$$= \int_0^{+\infty} \Big[\frac{1}{\pi} \int_{-\infty}^{+\infty} g(a) \{\cos ka \cdot \cos ku + \sin ka \cdot \sin ku\} da \Big] e^{-\frac{\sigma^2 k^2}{2}x} dk$$

$$= \int_0^{+\infty} \Big[\frac{1}{\pi} \int_{-\infty}^{+\infty} g(a) \cdot \underbrace{\cos k(a-u)}_{②} da \Big] \cdot e^{-\frac{\sigma^2 k^2}{2}x} dk$$

となりました．

◢ 左ページの説明です！

←① $\cos(ku)$, $\sin(ku)$ は a に関して定数とみなされるので……

←② 三角関数の加法定理

$$\cos x \cdot \cos y + \sin x \cdot \sin y = \cos(x-y)$$
$$\cos x \cdot \cos y - \sin x \cdot \sin y = \cos(x+y)$$
$$\sin x \cdot \cos y - \cos x \cdot \sin y = \sin(x-y)$$
$$\sin x \cdot \cos y + \cos x \cdot \sin y = \sin(x+y)$$

ここでは
いちばん上の定理を
使いました

積分の順序を交換すると

$$y(u,x) = \frac{1}{\pi}\int_{-\infty}^{+\infty}\left\{\int_{0}^{+\infty} g(a)\cdot\cos k(a-u)\cdot e^{-\frac{\sigma^2 k^2}{2}x}dk\right\}da \quad \longleftarrow ①$$

$$= \frac{1}{\pi}\int_{-\infty}^{+\infty} g(a)\left\{\int_{0}^{+\infty}\cos k(a-u)\cdot e^{-\frac{\sigma^2 k^2}{2}x}dk\right\}da$$

となります．

注目！

この中カッコ $\{\ \}$ の中身は，ある積分の公式を利用すると，$\longleftarrow ②$
次のように表現することができます．

$$= \frac{1}{\pi}\int_{-\infty}^{+\infty} g(a)\left\{\underbrace{\frac{\sqrt{\pi}}{2}\cdot e^{-\frac{(a-u)^2}{2\sigma^2 x}}\cdot\frac{\sqrt{2}}{\sigma\sqrt{x}}}_{③}\right\}da$$

$\dfrac{\sqrt{\pi}}{2}$ と $\dfrac{\sqrt{2}}{\sigma\sqrt{x}}$ を前に出して

$$= \frac{1}{\pi}\cdot\frac{\sqrt{\pi}}{2}\cdot\frac{\sqrt{2}}{\sigma\sqrt{x}}\int_{-\infty}^{+\infty} g(a)\cdot e^{-\frac{(a-u)^2}{2\sigma^2 x}}da$$

整理整頓すると

$$= \frac{1}{\sigma\sqrt{2\pi x}}\int_{-\infty}^{+\infty} g(a)\cdot e^{-\frac{1}{2}\left(\frac{a-u}{\sigma\sqrt{x}}\right)^2}da$$

となりました．

◢ 左ページの説明です！

←① 積分の順序交換は『よくわかる微分積分』p.250 問題 3 を参照.
　ここでは無限積分なので，厳密には収束・発散についての議論が必要です.

←②,③ 次の積分の公式があります.
$$\int_0^{+\infty} e^{-s^2} \cdot \cos(2bs)\,ds = \frac{\sqrt{\pi}}{2} \cdot e^{-b^2} \qquad \text{☞ p.64}$$

この s に
$$s = \frac{\sigma k \sqrt{x}}{\sqrt{2}} \qquad \leftarrow ds = \frac{\sigma \sqrt{x}}{\sqrt{2}} dk$$

を代入すると
$$\int_0^{+\infty} e^{-\frac{\sigma^2 k^2}{2}x} \cdot \cos\left(2b\frac{\sigma k \sqrt{x}}{\sqrt{2}}\right) \cdot \frac{\sigma \sqrt{x}}{\sqrt{2}}\, dk = \frac{\sqrt{\pi}}{2} \cdot e^{-b^2}$$

となります.

$\frac{\sigma \sqrt{x}}{\sqrt{2}}$ は k に関して定数とみなされるので，積分記号の前へ!!

$$\frac{\sigma \sqrt{x}}{\sqrt{2}} \int_0^{+\infty} e^{-\frac{\sigma^2 k^2}{2}x} \cdot \cos(\sqrt{2}b \cdot \sigma k \sqrt{x})\, dk = \frac{\sqrt{\pi}}{2} \cdot e^{-b^2}$$

さらに，この式に
$$b = \frac{a-u}{\sigma \sqrt{2x}}$$

を代入すると
$$\frac{\sigma \sqrt{x}}{\sqrt{2}} \int_0^{+\infty} e^{-\frac{\sigma^2 k^2}{2}x} \cdot \cos\left(\sqrt{2} \cdot \frac{a-u}{\sigma \sqrt{2x}} \cdot \sigma k \sqrt{x}\right) dk = \frac{\sqrt{\pi}}{2} \cdot e^{-\frac{(a-u)^2}{\sigma^2 2x}}$$

となります.

$\frac{\sigma \sqrt{x}}{\sqrt{2}}$ を右辺に移動して

$$\int_0^{+\infty} e^{-\frac{\sigma^2 k^2}{2}x} \cdot \cos k(a-u)\, dk = \frac{\sqrt{\pi}}{2} \cdot e^{-\frac{(a-u)^2}{2\sigma^2 x}} \cdot \frac{\sqrt{2}}{\sigma \sqrt{x}}$$

という等式が求まります. これが，中カッコ { } の中身です.

ここで，次のように2回目の変数変換をします．

2回目の変数変換

$$v = \frac{a-u}{\sigma\sqrt{x}}$$

このとき，
$$a = u + \sigma\sqrt{x}\,v$$
なので，境界条件も

$$g(a) = g(u + \sigma\sqrt{x}\,v) = \begin{cases} X \cdot (e^{u+\sigma\sqrt{x}\,v} - 1) & \cdots\; v \geqq -\dfrac{u}{\sigma\sqrt{x}} \\ 0 & \cdots\; v < -\dfrac{u}{\sigma\sqrt{x}} \end{cases}$$ ←①

に変わります．

ブラック・ショールズの偏微分方程式の解
$$f(S,t) = e^{-r(T-t)} \cdot \underline{y(u,x)}$$
の右側の部分は

$$y(u,x) = \frac{1}{\sigma\sqrt{2\pi x}} \int_{-\infty}^{+\infty} g(a) \cdot e^{-\frac{1}{2}v^2} \, da$$

$$= \frac{1}{\sigma\sqrt{2\pi x}} \int_{-\infty}^{+\infty} g(a) \cdot e^{-\frac{v^2}{2}} \cdot \sigma\sqrt{x}\, dv$$ ←②

$$= \frac{1}{\sqrt{2\pi}} \int_{-\infty}^{+\infty} g(a) \cdot e^{-\frac{v^2}{2}} \, dv$$

$\left(v^2 = \left(\dfrac{a-u}{\sigma\sqrt{x}}\right)^2 \right)$

となりました．

$g(a)$ の境界条件に注目すると ←③

$$y(u,x) = \frac{1}{\sqrt{2\pi}} \int_{-\frac{u}{\sigma\sqrt{x}}}^{+\infty} (X \cdot e^{u+\sigma\sqrt{x}\,v} - X) \cdot e^{-\frac{v^2}{2}} \, dv$$

となります．

そこで……

◀① 境界条件は p.177 にあります.

$$a = u + \sigma\sqrt{x}\,v \geqq 0$$

$$\sigma\sqrt{x}\,v \geqq -u$$

$$v \geqq -\frac{u}{\sigma\sqrt{x}}$$

◀② $a = u + \sigma\sqrt{x}\,v$ を v で微分すると

$$\frac{da}{dv} = 0 + \sigma\sqrt{x} \cdot 1$$

したがって,

$$da = \sigma\sqrt{x}\,dv$$

◀③ $g(a)$ の境界条件を図示すると……

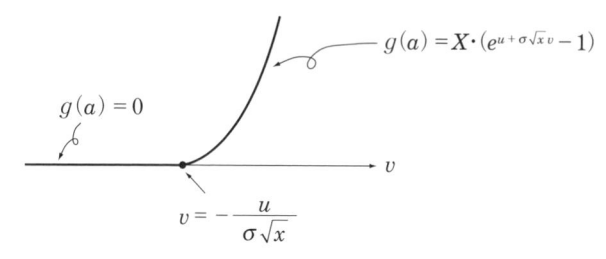

$g(a) = X \cdot (e^{u+\sigma\sqrt{x}\,v} - 1)$

$g(a) = 0$

$v = -\dfrac{u}{\sigma\sqrt{x}}$

したがって,

$$\int_{-\infty}^{+\infty} g(a)\,dv = \int_{-\infty}^{-\frac{u}{\sigma\sqrt{x}}} g(a)\,dv + \int_{-\frac{u}{\sigma\sqrt{x}}}^{+\infty} g(a)\,dv$$

$$= 0 \qquad\qquad + \int_{-\frac{u}{\sigma\sqrt{x}}}^{+\infty} g(a)\,dv$$

となります.

2つの部分 A, B に分けて，それぞれ積分しましょう．

$$y(u,x) = \frac{1}{\sqrt{2\pi}} \int_{-\frac{u}{\sigma\sqrt{x}}}^{+\infty} X \cdot e^{u+\sigma\sqrt{x}v} \cdot e^{-\frac{v^2}{2}} dv - \frac{1}{\sqrt{2\pi}} \int_{-\frac{u}{\sigma\sqrt{x}}}^{+\infty} X \cdot e^{-\frac{v^2}{2}} dv$$

$$\underbrace{\phantom{\frac{1}{\sqrt{2\pi}} \int_{-\frac{u}{\sigma\sqrt{x}}}^{+\infty} X \cdot e^{u+\sigma\sqrt{x}v} \cdot e^{-\frac{v^2}{2}} dv}}_{= A} \quad \underbrace{\phantom{\frac{1}{\sqrt{2\pi}} \int_{-\frac{u}{\sigma\sqrt{x}}}^{+\infty} X \cdot e^{-\frac{v^2}{2}} dv}}_{= B}$$

・$\underline{A}$ についての積分

$$A = \frac{1}{\sqrt{2\pi}} \int_{-\frac{u}{\sigma\sqrt{x}}}^{+\infty} X \cdot e^{u+\sigma\sqrt{x}v} \cdot e^{-\frac{v^2}{2}} dv$$

$$= \frac{1}{\sqrt{2\pi}} \int_{-\frac{u}{\sigma\sqrt{x}}}^{+\infty} X \cdot e^{u} \cdot e^{\sigma\sqrt{x}v} \cdot e^{-\frac{v^2}{2}} dv$$

$$= \frac{1}{\sqrt{2\pi}} \int_{-\frac{u}{\sigma\sqrt{x}}}^{+\infty} S \cdot e^{rx-\frac{\sigma^2 x}{2}} \cdot e^{\sigma\sqrt{x}v} \cdot e^{-\frac{v^2}{2}} dv \quad \Longleftarrow ①$$

$$= S \cdot e^{rx} \cdot \frac{1}{\sqrt{2\pi}} \int_{-\frac{u}{\sigma\sqrt{x}}}^{+\infty} e^{-\frac{1}{2}(v-\sigma\sqrt{x})^2} dv \quad \Longleftarrow ②$$

ここで，次の変数変換

$$z = v - \sigma\sqrt{x}$$

をすると

$$A = S \cdot e^{rx} \cdot \frac{1}{\sqrt{2\pi}} \int_{-\frac{u}{\sigma\sqrt{x}}-\sigma\sqrt{x}}^{+\infty} e^{-\frac{z^2}{2}} dz \quad \Longleftarrow ③$$

となりました．

◢ 左ページの説明です！

① $\quad u = \log \dfrac{S}{X} + \left(r - \dfrac{\sigma^2}{2}\right)x$ ⬅ $u = \log \dfrac{S}{X} + \left(r - \dfrac{\sigma^2}{2}\right)(T-t)$

を変形して

$$e^u = e^{\log \frac{S}{X}} \cdot e^{rx - \frac{\sigma^2 x}{2}}$$ ⬅ $e^{x+y} = e^x e^y$

$$e^u = \dfrac{S}{X} \cdot e^{rx - \frac{\sigma^2 x}{2}}$$ ⬅ $x = e^{\log x}$

よって

$$X \cdot e^u = S \cdot e^{rx - \frac{\sigma^2 x}{2}}$$

⬅② $\quad e^{rx - \frac{\sigma^2 x}{2}} \cdot e^{\sigma\sqrt{x}\,v} \cdot e^{-\frac{v^2}{2}} = e^{rx} \cdot e^{-\frac{1}{2}(v^2 - 2\sigma\sqrt{x}\,v + \sigma^2 x)}$

$$= e^{re} \cdot e^{-\frac{1}{2}(v - \sigma\sqrt{x})^2}$$

⬅③ $\quad z = v - \sigma\sqrt{x}$ を v で微分すると

$$\dfrac{dz}{dv} = 1 - 0$$

よって

$$dz = dv$$

積分範囲は，次のように変換されます．

表 10.1

v	$-\dfrac{u}{\sigma\sqrt{x}}$	⟶ $+\infty$
z	$-\dfrac{u}{\sigma\sqrt{x}} - \sigma\sqrt{x}$	⟶ $+\infty$

・B についての積分

$$B = \frac{1}{\sqrt{2\pi}} \int_{-\frac{u}{\sigma\sqrt{x}}}^{+\infty} X \cdot e^{-\frac{v^2}{2}} \, dv$$

ここで，次の変数変換

$$z = v \qquad \qquad \leftarrow ①$$

をすると

$$B = X \cdot \frac{1}{\sqrt{2\pi}} \int_{-\frac{u}{\sigma\sqrt{x}}}^{+\infty} e^{-\frac{z^2}{2}} \, dz$$

となりました．

・**いよいよ最終段階に入りました!!**

以上のことから，ブラック・ショールズの偏微分方程式の解

$$f(S, t) = e^{-r(T-t)} \cdot \underline{y(u, x)}$$

の右側の部分は，A と B を合わせることにより

$$y(u, x) = \qquad A \qquad - \qquad B$$

$$= S \cdot e^{rx} \cdot \underbrace{\frac{1}{\sqrt{2\pi}} \int_{-\frac{u}{\sigma\sqrt{x}} - \sigma\sqrt{x}}^{+\infty} e^{-\frac{z^2}{2}} dz}_{= N\left(\frac{u}{\sigma\sqrt{x}} + \sigma\sqrt{x}\right)} - X \cdot \underbrace{\frac{1}{\sqrt{2\pi}} \int_{-\frac{u}{\sigma\sqrt{x}}}^{+\infty} e^{-\frac{z^2}{2}} dz}_{= N\left(\frac{u}{\sigma\sqrt{x}}\right)}$$

$$= S \cdot e^{rx} \cdot N\left(\frac{u}{\sigma\sqrt{x}} + \sigma\sqrt{x}\right) - X \cdot N\left(\frac{u}{\sigma\sqrt{x}}\right) \qquad \leftarrow ②$$

となりました．

左ページの説明です！

← ① この変数変換はしなくてもよいのですが……

標準正規分布 $N(0, 1)$ の確率密度関数は

$$f(z) = \frac{1}{\sqrt{2\pi}} e^{-\frac{z^2}{2}}$$

のように，変数 z を使って表現するのが，フツーなのです．

← ② 標準正規分布 $N(0, 1^2)$ のグラフ

$$\frac{1}{\sqrt{2\pi}} \int_{-\infty}^{d} e^{-\frac{z^2}{2}} dz =$$

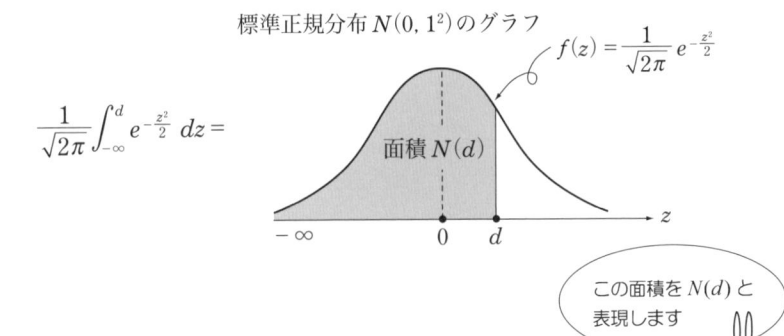

面積 $N(d)$

この面積を $N(d)$ と表現します

標準正規分布のグラフは 0 を中心に左右対称なので，

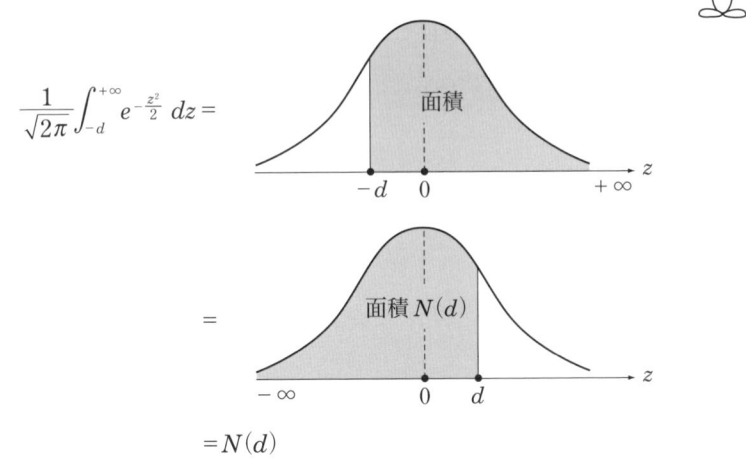

$$\frac{1}{\sqrt{2\pi}} \int_{-d}^{+\infty} e^{-\frac{z^2}{2}} dz =$$

面積

$$= N(d)$$

面積 $N(d)$

となります．

最後に

$$y(u,x) = S \cdot e^{rx} \cdot N\left(\frac{u}{\sigma\sqrt{x}} + \sigma\sqrt{x}\right) - X \cdot N\left(\frac{u}{\sigma\sqrt{x}}\right)$$

を，ブラック・ショールズの偏微分方程式の解

$$f(S,t) = e^{-r(T-t)} \cdot y(u,x)$$

に代入すると，

$$f(S,t) = e^{-rx}\left\{S \cdot e^{rx} \cdot N\left(\frac{u}{\sigma\sqrt{x}} + \sigma\sqrt{x}\right) - X \cdot N\left(\frac{u}{\sigma\sqrt{x}}\right)\right\}$$

$$= S \cdot N\left(\frac{u}{\sigma\sqrt{x}} + \sigma\sqrt{x}\right) - X \cdot e^{-rx} \cdot N\left(\frac{u}{\sigma\sqrt{x}}\right) \quad \Leftarrow ①$$

となります．

これが求めるブラック・ショールズの公式なのです!!

ブラック・ショールズの公式

$$f(S,t) = S \cdot N\left(\frac{u}{\sigma\sqrt{x}} + \sigma\sqrt{x}\right) - X \cdot e^{-rx} \cdot N\left(\frac{u}{\sigma\sqrt{x}}\right)$$

左ページの説明です！

← ① ブラック・ショールズの論文では，次のようになっています．
$$w(x,t) = x\,N(d_1) - C \cdot e^{r(t-t^*)} \cdot N(d_2)$$

『フィナンシャルエンジニアリング』では　　　　○参考文献［1］第5章

$$C = S \cdot N(d_1) - X \cdot e^{-r(T-t)} \cdot N(d_2)$$

ただし，$d_1 = \dfrac{\log\dfrac{S}{X} + \left(r + \dfrac{\sigma^2}{2}\right)(T-t)}{\sigma\sqrt{T-t}}$

$d_2 = \dfrac{\log\dfrac{S}{X} + \left(r - \dfrac{\sigma^2}{2}\right)(T-t)}{\sigma\sqrt{T-t}} = d_1 - \sigma\sqrt{T-t}$

となっています．
　次のように変形してみると，対応がよくわかりますね！

$$\dfrac{u}{\sigma\sqrt{x}} + \sigma\sqrt{x} = \dfrac{\log\dfrac{S}{X} + \left(r - \dfrac{\sigma^2}{2}\right)(T-t)}{\sigma\sqrt{T-t}} + \sigma\sqrt{T-t}$$

$$= \dfrac{\log\dfrac{S}{X} + \left(r - \dfrac{\sigma^2}{2}\right)(T-t) + \sigma^2(T-t)}{\sigma\sqrt{T-t}}$$

$$= \dfrac{\log\dfrac{S}{X} + \left(r + \dfrac{\sigma^2}{2}\right)(T-t)}{\sigma\sqrt{T-t}}$$

$$= d_1$$

$$\dfrac{u}{\sigma\sqrt{x}} = \dfrac{\log\dfrac{S}{X} + \left(r - \dfrac{\sigma^2}{2}\right)(T-t)}{\sigma\sqrt{T-t}}$$

$$= \dfrac{\log\dfrac{S}{X} + \left(r + \dfrac{\sigma^2}{2}\right)(T-t) - \sigma^2(T-t)}{\sigma\sqrt{T-t}}$$

$$= \dfrac{\log\dfrac{S}{X} + \left(r + \dfrac{\sigma^2}{2}\right)(T-t)}{\sigma\sqrt{T-t}} - \sigma\sqrt{T-t}$$

$$= d_1 - \sigma\sqrt{T-t}$$

例題 10.1 次のヨーロピアン・コールオプションの価格を求めましょう.

現在の株価 $S = 14500$ 円
権利行使価格 $X = 14000$ 円
オプションの期間 $= 2$ か月
ボラティリティ $\sigma = 38\%$
非危険利子率 $r = 6\%$

解答 オプションの期間は 2 か月なので

$$T - t = \frac{2}{12} = 0.1667$$

です.

次に u を求めます.

$$u = \log \frac{S}{X} + \left(r - \frac{\sigma^2}{2} \right)(T - t)$$

$$= \log \frac{14500}{14000} + \left(0.06 - \frac{(0.38)^2}{2} \right) \times 0.1667$$

$$= 0.0331$$

したがって,

$$\frac{u}{\sigma \sqrt{x}} + \sigma \sqrt{x} = \frac{0.0331}{0.38 \times \sqrt{0.1667}} + 0.38 \times \sqrt{0.1667} \qquad \leftarrow x = T - t$$

$$= 0.3685$$

$$\frac{u}{\sigma \sqrt{x}} = \frac{0.0331}{0.38 \times \sqrt{0.1667}}$$

$$= 0.2133$$

となります.

標準正規分布の数表から

$$N\left(\frac{u}{\sigma\sqrt{x}} + \sigma\sqrt{x}\right) = N(0.3685)$$
$$= 0.6437$$

$$N\left(\frac{u}{\sigma\sqrt{x}}\right) = N(0.2133)$$
$$= 0.5845$$

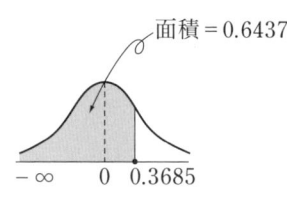

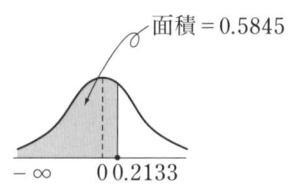

以上のことから，
求めるヨーロピアン・コールオプションの価格は

$$f(S, t) = 14500 \times 0.6437 - 14000 \times e^{-0.06 \times 0.1667} \times 0.5845$$
$$= 1232.0884$$

となります。

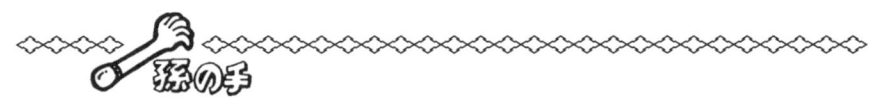

左ページの場合，次のように求めても同じです．

$$d_1 = \frac{\log\frac{S}{X} + \left(r + \frac{\sigma^2}{2}\right)(T-t)}{\sigma\sqrt{T-t}}$$

$$= \frac{\log\frac{14500}{14000} + \left(0.06 + \frac{(0.38)^2}{2}\right) \times 0.1667}{0.38 \times \sqrt{0.1667}} = 0.3685$$

$$d_2 = \frac{\log\frac{S}{X} + \left(r - \frac{\sigma^2}{2}\right)(T-t)}{\sigma\sqrt{T-t}}$$

$$= \frac{\log\frac{14500}{14000} + \left(0.06 - \frac{(0.38)^2}{2}\right) \times 0.1667}{0.38 \times \sqrt{0.1667}} = 0.2133$$

Column　Excelで描くフーリエ級数（5）　☞ p.154のつづき

手順 11　L1 のセルに **フーリエ** と入力．
　　　　　L2 のセルに ＝SUM(B2..K2) と入力します．

	H	I	J	K	L	M
1	n=7	n=8	n=9	n=10	フーリエ	
2	-7.79954E-17	-7.79954E-17	-7.79954E-17	-7.79954E-17	=SUM(B2..K2)	
3	-0.019839186	-0.019790112	-0.019734584	-0.019672633		
4	-0.038722788	-0.038336739	-0.037901992	-0.037419571		
5	-0.05574125	-0.054474528	-0.053059504	-0.051503621		
6	-0.070074852	-0.06718 9481	-0.064003421	-0.060546138		
7	-0.081033196	-0.075682673	-0.069864659	-0.063661977		
8	-0.088088456	-0.079420444	-0.070177759	-0.060546138		

手順 12　L2 のセルを ［コピー］ したら，L3 から L202 のセルに ［貼り付け］．

	H	I	J	K	L
1	n=7	n=8	n=9	n=10	フーリエ
2	-7.79954E-17	-7.79954E-17	-7.79954E-17	-7.79954E-17	-7.79954E-16
3	-0.019839186	-0.019790112	-0.019734584	-0.019672633	-0.198737506
4	-0.038722788	-0.038336739	-0.037901992	-0.037419571	-0.389997853
5	-0.05574125	-0.054474528	-0.053059504	-0.051503621	-0.56678489
6	-0.070074852	-0.067189481	-0.064003421	-0.060546138	-0.723027739
7	-0.081033196	-0.075682673	-0.069864659	-0.063661977	-0.853954648
8	-0.088088456	-0.079420444	-0.070177759	-0.060546138	-0.95636854
9	-0.090900806	-0.078167936	-0.06491786	-0.051503621	-1.028804528
⋮	⋮	⋮	⋮	⋮	⋮
193	0.08346582	0.061315496	0.039759266	0.019672633	1.08659267
194	0.089334784	0.072003849	0.054502663	0.037419571	1.071559295
195	0.090900806	0.078167936	0.06491786	0.051503621	1.028804528
196	0.088088456	0.079420444	0.070177759	0.060546138	0.95636854
197	0.081033196	0.075682673	0.069864659	0.063661977	0.853954648
198	0.070074852	0.06718 9481	0.064003421	0.060546138	0.723027739
199	0.05574125	0.054474528	0.053059504	0.051503621	0.56678489
200	0.038722788	0.038336739	0.037901992	0.037419571	0.389997853
201	0.019839186	0.019790112	0.019734584	0.019672633	0.198737506
202	7.79954E-17	7.79954E-17	7.79954E-17	7.79954E-17	7.79954E-16
203					

やっと

$$\sum_{n=1}^{10}\frac{2}{n\pi}(-1)^{n+1}\cdot\sin(n\pi x)$$

が求まりました．

☞ p.246 へつづく

◆第11章◆

リスク中立評価法によるブラック・ショールズの公式

§11.0　裁定取引と無リスク金利の関係

__裁定取引__

テレビを見ていると，ビジネス・リポートなどで

　　　　ニューヨーク市場
　　　　　　1ドル　○○○円○○銭
　　　　ロンドン市場
　　　　　　1ドル　×××円××銭

というニュースが流れています．

　このようなとき
　　　　　　安い方を買って，高い方で売ればもうかるのでは……
と思いますが
　　　　　　"同時に取引をして，リスク無しに利益を上げる"
ことを
　　　　　　"裁定取引"
といいます．

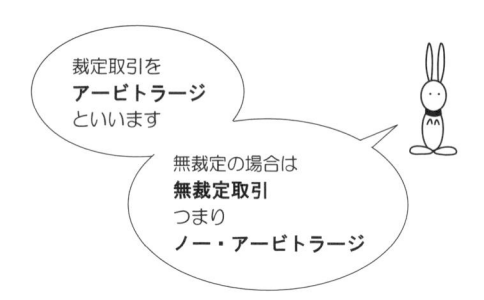

裁定取引には
　　　　　市場間の裁定取引
　　　　　現物と先物の裁定取引
などがあります．
　もし，このような裁定取引が可能であれば
　　　　　"無制限に利益を上げることができる"
ので，これはフェア（＝公平）とはいえませんね．

　そこで，この章では
　　　　　"裁定取引は存在しない"
と仮定します．

裁定取引を
アービトラージ
といいます

無裁定の場合は
無裁定取引
つまり
ノー・アービトラージ

§11.0　裁定取引と無リスク金利の関係　　195

無リスク金利による計算

無リスク証券における連続複利について考えてみましょう．

たとえば，年利 6 ％の無リスク証券 500000 円は 1 年後にいくらになるのでしょうか？

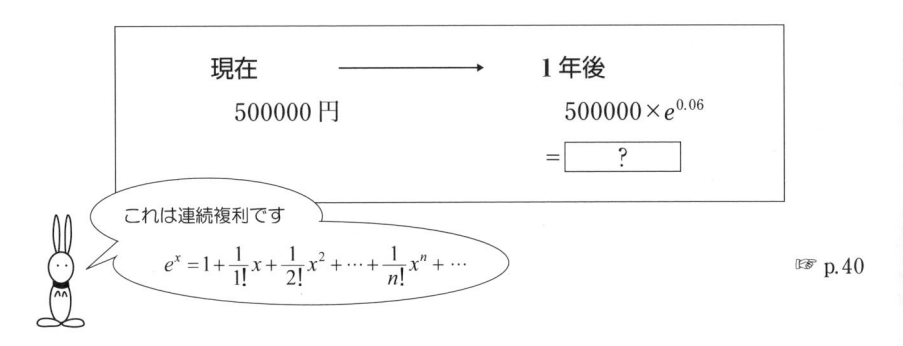

```
現在  ―――――→  1年後
500000 円         500000 × $e^{0.06}$
                 = [  ?  ]
```

これは連続複利です
$$e^x = 1 + \frac{1}{1!}x + \frac{1}{2!}x^2 + \cdots + \frac{1}{n!}x^n + \cdots$$

☞ p.40

逆に，1 年後に 500000 円になる無リスク証券は，現在価値に割り引くといくらなのでしょうか？

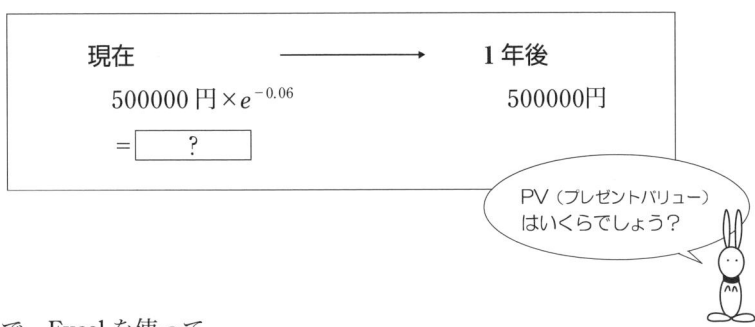

```
現在  ―――――→  1年後
500000 円 × $e^{-0.06}$      500000円
= [  ?  ]
```

PV（プレゼントバリュー）はいくらでしょう？

そこで，Excel を使って

$$500000 \times e^{0.06} \quad \text{や} \quad 500000 \times e^{-0.06}$$

を計算してみましょう．

☞ p.197

Excel による連続複利の求め方

手順 ① $500000 \times e^{0.06}$ を求めるときは，

B2 のセルに

$$=500000*\text{EXP}(0.06)$$

と入力して，⏎．

	A	B	C	D	E
1					
2		=500000*EXP(0.06)			
3					
4					
5					
6		530918.3 となります			
7					
8					

$y = e^x$ のグラフ

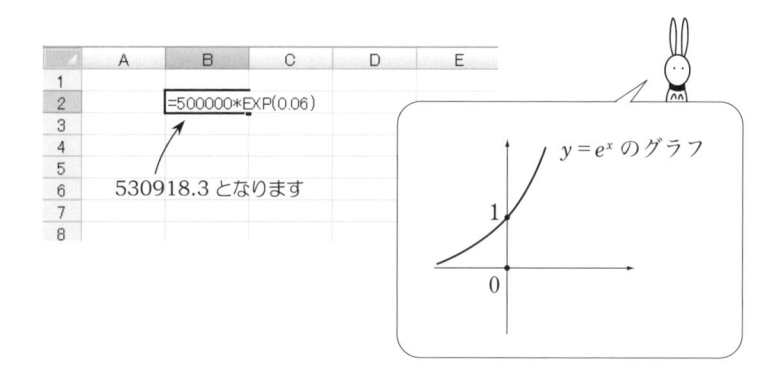

手順 ②   次に，$500000 \times e^{-0.06}$ を求めるときには

B4 のセルに

$$=500000*\text{EXP}(-0.06)$$

と入力して，⏎．

	A	B	C	D	E
1					
2		530918.3	← =50000×$e^{0.06}$		
3					
4		=500000*EXP(-0.06)			
5					
6					
7		470882.3 となります			
8					

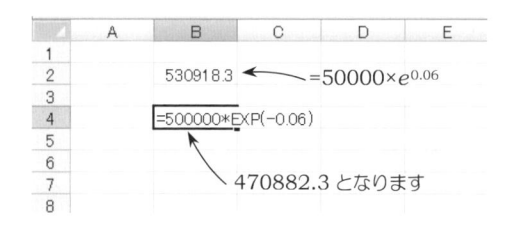

---【無リスク証券の求め方──連続複利の場合】---
例題 11.1 年利 8 % の無リスク証券に 10 万円を投資したとき，1 年後いくらになるか求めてみましょう．

解答
年利 r の無リスク証券の価格を S とすると

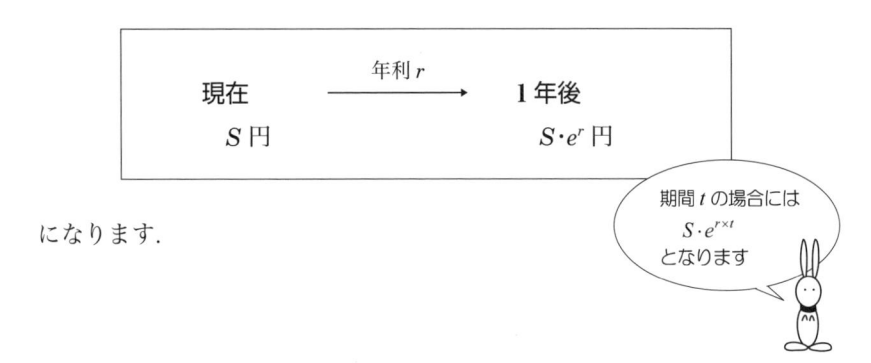

```
現在        年利 r      1年後
 S 円       ──→       S・e^r 円
```

になります．

（期間 t の場合には $S \cdot e^{r \times t}$ となります）

したがって
$$S = 100000, \quad r = 0.08$$
を代入すると
$$S \cdot e^r = 100000 \times e^{0.08}$$
$$= 108328.7$$
となります．

---【無リスク証券の求め方──連続複利の場合】---

演習 11.1 （1）年利 5 ％の無リスク証券 25 万円は 1 年後，いくらになりますか？

（2）年利 4 ％の無リスク証券が 1 年後に 25 万円になるとしたとき，現在価値に割り引くといくらですか？

解答

（1）現在　　　　　　　$\xrightarrow{\text{年利 5 ％}}$　　　1 年後

　　　250000 円　　　　　　　　　　$250000 \times e^{0.05}$ 円

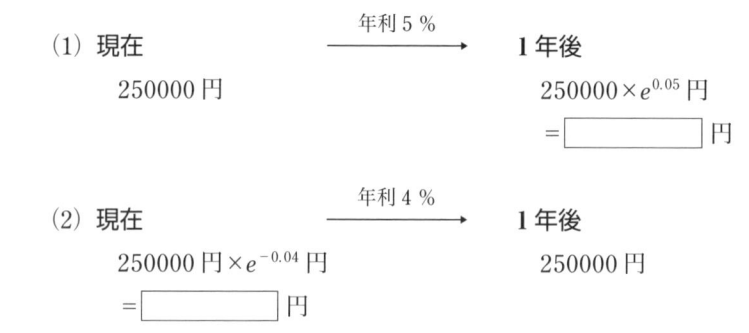

　　　　　　　　　　　　　　　　　　= □ 円

（2）現在　　　　　　　$\xrightarrow{\text{年利 4 ％}}$　　　1 年後

　　　250000 円 $\times e^{-0.04}$ 円　　　　　250000 円

　　　= □ 円

【答】262817.8，240197.4

■リスク中立評価法

証券の期待収益率を μ，無リスク金利を r としたとき

　　　　証券の期待収益率 μ ＝ 無リスク金利 r

と仮定して，現在の価格を

　　　　現在 t の価格 ＝ $e^{-r} \times$ 将来 T の期待値

のように決める方法のことを，

　　　　リスク中立評価法

といいます。

> 無リスク金利の期間によって $e^{-r(T-t)}$ となります

§11.0　裁定取引と無リスク金利の関係

§11.1 リスク中立評価法の考え方は大切です！

株価とコールオプションについて，考えましょう．

> コールオプションとは買う権利のこと

株価とコールオプションの関係：その1

次のような単純な状況を想定してみましょう．
ただし，6か月後の権利行使価格を17000円とします．

仮定（その1）

現在　　　　　　　　　　　　⟶　　　6か月後

　　　　　　　　　　　　　　　　　　無リスク金利6%（年利）

株価 S　　　　　　　　　　　　　　株価 S_T

　16000円　　　　　　　　　　　　　18400円

コールオプションの価格

　f 円

つまり，株価は6か月後に，確実に

$$18400 \text{円}$$

になるとします．

このとき，コールオプションの6か月後の権利行使価格は

$$17000 \text{円}$$

なので，6か月後のコールオプションの価値は

現在　　　　　　　　　　　⟶　　　6か月後

コールオプション　　　　　　　　　　コールオプション

　f 円 = ?　　　　　　　　　　　　18400円 − 17000円

　　　　　　　　　　　　　　　　　　= 1400円

となります．

そこで，問題!!

> **問題**
>
> この6か月後のコールオプション1400円を現在価値に割り引くとすれば，現在のコールオプションの価格はいくらにすればいいですか？

ここで
"裁定取引の機会は存在しない（＝ノー・アービトラージ）"
と仮定していますから

$$\boxed{\begin{array}{c}\text{6か月後の}\\\text{コールオプションの価値}\\1400\text{ 円}\end{array}} = \boxed{\begin{array}{c}\text{6か月後の}\\\text{無リスク金利による収益}\\1400\text{ 円}\end{array}}$$

でなければなりません．

そこで，無リスク金利 0.06（年利）で現在価値に割り引くと

$$\boxed{\begin{array}{c}\text{現在の}\\\text{コールオプションの価値}\\f\text{ 円}=?\end{array}} = \boxed{\begin{array}{c}\text{現在の価値に割り引くと}\\1400\text{ 円}\times e^{-0.06\times\frac{6\text{か月}}{12\text{か月}}}\end{array}}$$

となりますから
$$f = 1400 \text{ 円} \times e^{-0.03}$$
$$= 1358.6 \text{ 円}$$

ですね!!

§11.1 リスク中立評価法の考え方は大切です！

株価とコールオプションの関係：その2

次のような場合を想定してみましょう．
ただし，権利行使価格を 17000 円とします．

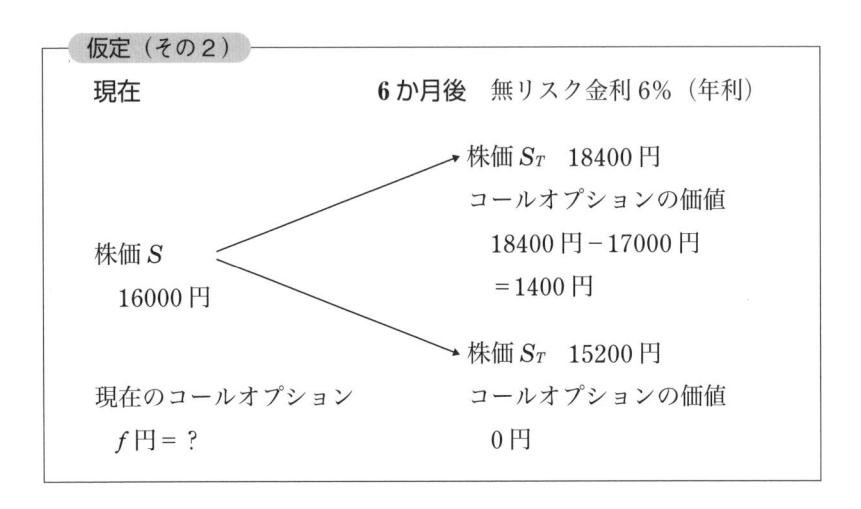

```
┌─ 仮定（その2）─────────────────────────────┐
│                                                    │
│  現在              6か月後　無リスク金利6%（年利）  │
│                                                    │
│                    ┌→ 株価 $S_T$　18400 円         │
│                    │   コールオプションの価値       │
│   株価 $S$         │   18400 円 − 17000 円          │
│   16000 円 ───────┤   ＝1400 円                    │
│                    │                                │
│                    └→ 株価 $S_T$　15200 円         │
│   現在のコールオプション   コールオプションの価値   │
│   $f$ 円＝？               0 円                     │
│                                                    │
└────────────────────────────────────────────────────┘
```

つまり，6か月後に株価 S_T は
　　　　　　18400 円になるか，または 15200 円になるか
のどちらかとします．
　もし，株価 S_T が 18400 円になれば，権利行使価格が 17000 円ですから
　　　　6か月後のコールオプションの価値 ＝ 18400 円 − 17000 円
　　　　　　　　　　　　　　　　　　　　 ＝ 1400 円
です．
　逆に，株価 S_T が 15200 円になれば，権利を行使しないので
　　　　6か月後のコールオプションの価値 ＝ 0 円
になります．

　ここで，問題!!

> **問題**
>
> この6か月後のコールオプションを現在価値に割り引くとすれば，現在のコールオプションの価格はいくらにすればいいですか？

6か月後のコールオプションの価値は

$$1400 円 \quad か，または \quad 0 円$$

のどちらかです．

そこで，コールオプションの価値の期待値 E を求めてみましょう．

でも，期待値 E を求めるためには確率が必要ですね．

そこで，それぞれの起こる確率が，次のようにわかっているとします．

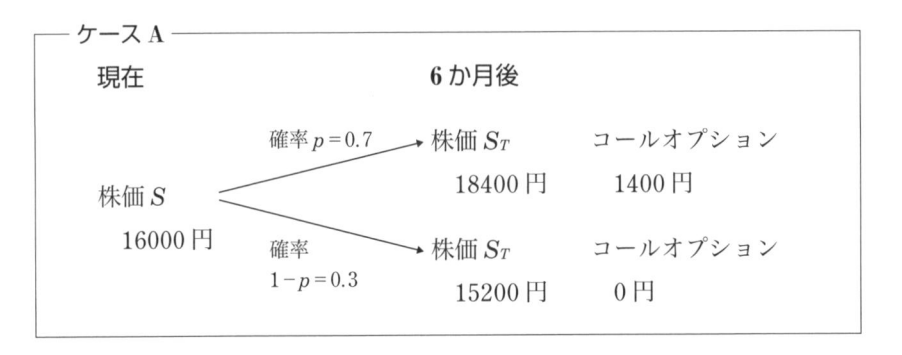

ケース A

現在		6か月後	
		株価 S_T	コールオプション
株価 S	確率 $p = 0.7$ →	18400 円	1400 円
16000 円	確率 $1 - p = 0.3$ →	株価 S_T 15200 円	コールオプション 0 円

すると，6か月後のコールオプションの期待値 E は……

ケース A の 6 か月後のコールオプションの期待値 E
$$= 1400 円 \times 0.7 + 0 円 \times 0.3$$
$$= 980 円$$

☞ p.231

この金額を，無リスク金利 $r = 0.06$（年利）で現在価値に割り引くと，現在のコールオプションの価格 f は

$$f = 980 円 \times e^{-0.06 \times \frac{6 か月}{12 か月}}$$
$$= 951.0 円$$

となります．

§11.1 リスク中立評価法の考え方は大切です！

―― 疑問・質問なんでもコーナー！ ――――――――――――――

6か月後の確率がわかっているなんて，"ヘン"じゃないですか？
それに，もし確率が次のケースだと，現在のコールオプションの
価格も変わってしまうのではありませんか？

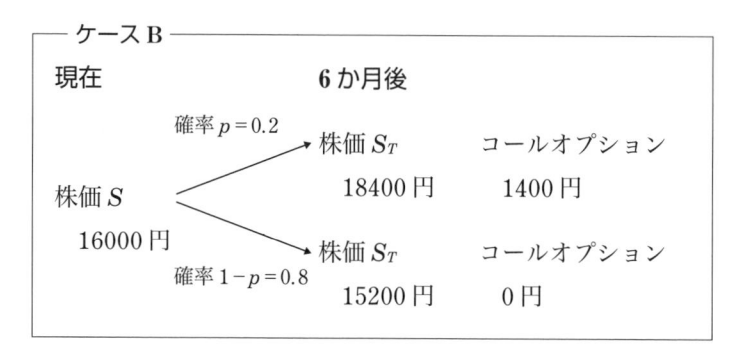

┌─ ケースB ──────────────────────────┐
│ 現在   6か月後   │
│   │
│   確率 $p=0.2$ 株価 S_T コールオプション │
│   18400 円   1400 円   │
│ 株価 S │
│ 16000 円   │
│   確率 $1-p=0.8$ 株価 S_T コールオプション │
│   15200 円   0 円   │
└────────────────────────────────────┘

では，6か月後のコールオプションの期待値を計算してみましょう．

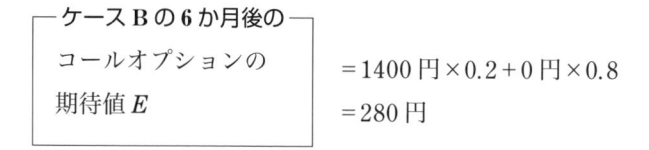

┌─ ケースBの6か月後の ─┐
│ コールオプションの   │ = 1400 円 × 0.2 + 0 円 × 0.8
│ 期待値 E │ = 280 円
└────────────────┘

これを無リスク金利 $r=0.06$（年利）で現在価値に割り引くと，
現在のコールオプションの価格 f は

$$f = 280 \text{円} \times e^{-0.06 \times \frac{6\text{か月}}{12\text{か月}}}$$
$$= 271.7 \text{円}$$

となります．

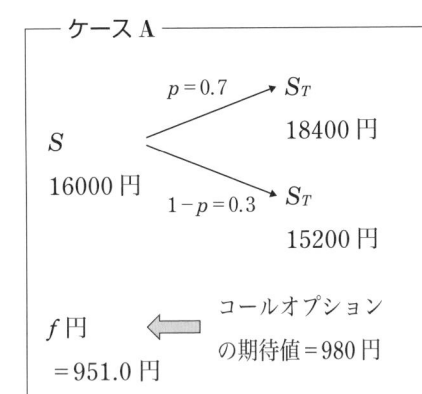

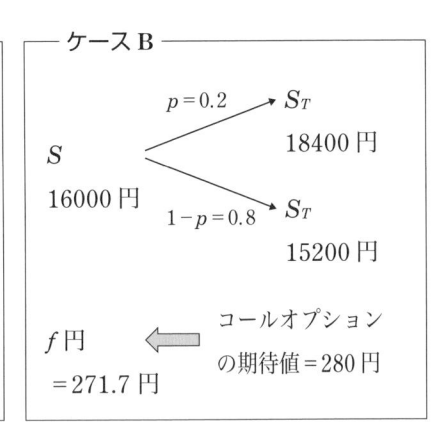

```
┌─ ケース A ──────────────┐    ┌─ ケース B ──────────────┐
│           p=0.7   S_T    │    │           p=0.2   S_T    │
│     S   ↗              │    │     S   ↗              │
│  16000円  18400円         │    │  16000円  18400円         │
│         ↘              │    │         ↘              │
│       1-p=0.3  S_T       │    │       1-p=0.8  S_T       │
│               15200円    │    │               15200円    │
│                          │    │                          │
│   f円  ⇐ コールオプション │    │   f円  ⇐ コールオプション │
│  =951.0円   の期待値=980円│    │ =271.7円   の期待値=280円 │
└──────────────────────────┘    └──────────────────────────┘
```

6か月後の確率 p が変わると，
コールオプションの期待値も，現在のコールオプションの価格 f も
ずいぶん変わってしまいますね．

┌─ 疑問・質問なんでもコーナー !! ────────────────
│ 現在のコールオプションの価格を知るために
│   "無リスク金利による現在価値への割り引きをしてよい"
│ という根拠は
│   将来へのリスクが無い
│ という点にありました．
│ このように，将来の確率が変わるだけで，期待値も大きく変化する
│ のであれば
│   "6か月後の期待値を無リスク金利で現在価値に割り引いてよい"
│ ということにはならないのではないでしょうか？

§11.1 リスク中立評価法の考え方は大切です！

確かに，そうですね．
それでは，次のようなアイデアはいかがでしょう．

ポートフォリオを構成すると？

0.4375 株の買い持ちと，1 単位のコールオプションの売り持ちによるポートフォリオ

$$0.4375 \times 16000 \text{円} - 1 \times f \text{円}$$

を構成してみては？

> 0.4375 はどこから出てきたのでしょうか？

このとき，6 か月後のポートフォリオの価値は，次のようになります．

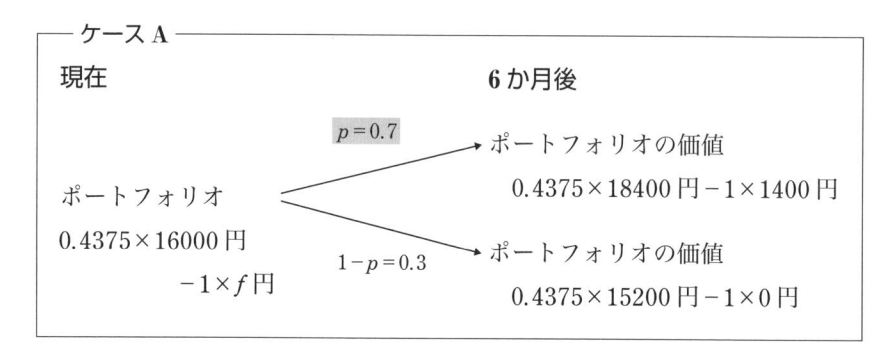

ケース A

現在　　　　　　　　　　　　　　6 か月後

　　　　　　　　　　$p = 0.7$　　ポートフォリオの価値
ポートフォリオ　　　　　　　　　$0.4375 \times 18400 \text{円} - 1 \times 1400 \text{円}$
$0.4375 \times 16000 \text{円}$
　$-1 \times f \text{円}$　　$1-p = 0.3$　ポートフォリオの価値
　　　　　　　　　　　　　　　　$0.4375 \times 15200 \text{円} - 1 \times 0 \text{円}$

したがって，6 か月後のポートフォリオの期待値 E を計算すると

$$(0.4375 \times 18400 - 1 \times 1400) \times 0.7 + (0.4375 \times 15200 - 1 \times 0) \times 0.3$$
$$= 6650 \text{円}$$

となりました．

では，6か月後の確率 p が次のようになっている場合は？

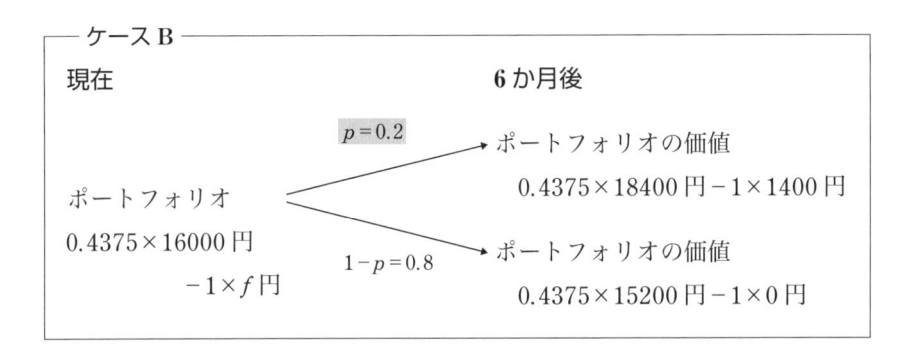

--- ケース B ---

現在　　　　　　　　　　　　　　　　　6か月後

ポートフォリオ
0.4375×16000 円
$-1 \times f$ 円

$p = 0.2$ → ポートフォリオの価値
　　　　　　0.4375×18400 円 $- 1 \times 1400$ 円

$1-p = 0.8$ → ポートフォリオの価値
　　　　　　　0.4375×15200 円 $- 1 \times 0$ 円

このときは，6か月後のポートフォリオの期待値 E は

$(0.4375 \times 18400 \text{ 円} - 1 \times 1400 \text{ 円}) \times 0.2 + (0.4375 \times 15200 \text{ 円} - 1 \times 0 \text{ 円}) \times 0.8$
$= 6650$ 円

となります．

実は，このようなポートフォリオを構成すると，

　　　　　"将来の確率 p の値に無関係に"

期待値は常に6650円になっているのです．

この期待値はケースAと同じになっています

その意味で，このポートフォリオには"リスクが無い"のです．
ということは，

　　期待値 E を無リスク金利で現在価値に割り引いた値
　　　　　＝現在のポートフォリオの価格

としてよさそうですね．
したがって……

--- 現在のポートフォリオ ---　　　--- 無リスク金利による現在価値への割り引き ---

0.4375×16000 円 $- 1 \times f$ 円　　　＝　　　6650 円 $\times e^{-0.06 \times \frac{6 \text{か月}}{12 \text{か月}}}$

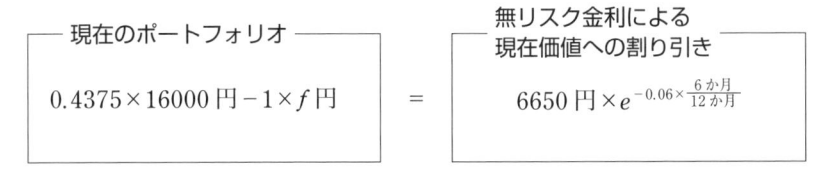

つまり……

§11.1　リスク中立評価法の考え方は大切です！

次の等号が成り立ちます．
$$0.4375 \times 16000 \text{円} - 1 \times f \text{円} = 6650 \text{円} \times e^{-0.06 \times \frac{6 \text{か月}}{12 \text{か月}}}$$
このことから，現在のコールオプションの価格 f は

$$f = 0.4375 \times 16000 \text{円} - 6650 \text{円} \times e^{-0.03}$$
$$= 546.5 \text{円}$$

となります．これが
"リスク中立評価法"
の考え方です．

ポートフォリオの不思議？

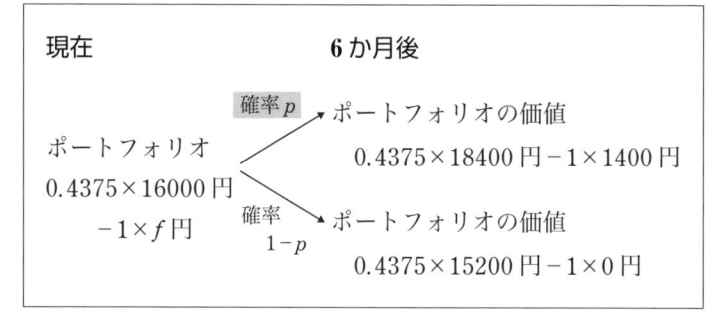

現在	6か月後
ポートフォリオ 0.4375×16000 円 $-1 \times f$ 円	確率 p → ポートフォリオの価値 0.4375×18400 円 $- 1 \times 1400$ 円 確率 $1-p$ → ポートフォリオの価値 0.4375×15200 円 $- 1 \times 0$ 円

このとき
6か月後のポートフォリオの期待値 E は，確率 p の値と無関係に

$$(0.4375 \times 18400 - 1 \times 1400) \times p + (0.4375 \times 15200 - 1 \times 0) \times (1-p)$$
$$= 6650 \times p + 6650 \times (1-p)$$
$$= 6650 + \underbrace{(6650 - 6650)}_{=\ 0} \times p$$
$$= 6650$$

となります．

この期待値は確率 p と無関係です

── リスク中立評価法とは？（その１）──────────

リスクの無いポートフォリオの期待値 E ＝ 無リスク金利による収益

────────────────────────────

それでは，リスクの無いポートフォリオを構成するには，どうすればいいのでしょうか？

そのポイントは
$$\overset{デルタ}{\Delta} = 0.4375$$
にあります．

では，この $\overset{デルタ}{\Delta}$ はどのようにして求めているのでしょうか？

それは
$$\Delta \times 18400\text{円} - 1 \times 1400\text{円} = \Delta \times 15200\text{円} - 1 \times 0\text{円}$$

つまり，株価が将来，上昇しても，下降しても

"ポートフォリオの価値が一定になるように，$\overset{デルタ}{\Delta}$ の値を決定"

しておけばいいのです．

$$\Delta = \frac{1400\text{円} - 0\text{円}}{18400\text{円} - 15200\text{円}}$$

このことを**デルタ・ヘッジ**といいます

このように $\overset{デルタ}{\Delta}$ を決めておけば

$$期待値 = (\Delta \times 18400 - 1 \times 1400) \times p + (\Delta \times 15200 - 1 \times 0) \times (1-p)$$
$$= \Delta \times 15200 + \underline{\{(\Delta \times 18400 - 1 \times 1400) - (\Delta \times 15200 - 1 \times 0)\}} \times p$$
$$= \Delta \times 15200 - 0 \times p \qquad \overset{\|}{0}$$

となりますから，期待値は将来の確率 p の影響を受けません*!!*

このようにの $\overset{デルタ}{\Delta}$ の値を決めることを**ヘッジング**といいます．

§11.1 リスク中立評価法の考え方は大切です！

---【Δの求め方】---

例題11.2 3か月後の株価S_Tが，次のようになるという仮定のもとで，ポートフォリオのΔの値を求めてください．

ただし，3か月後の権利行使価格は$X=6000$円とします．

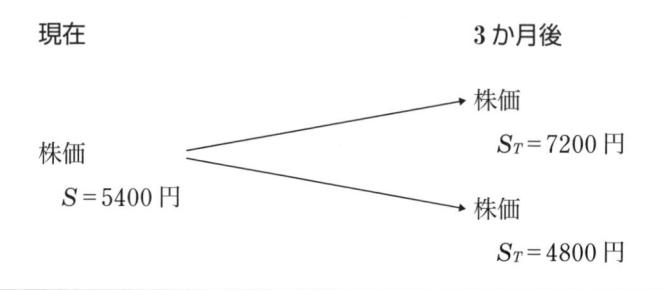

現在　　　　　　　　　　　　3か月後

株価　　　　　　　　　　　　株価
$S=5400$円　　　　　　　　　$S_T=7200$円

　　　　　　　　　　　　　　株価
　　　　　　　　　　　　　　$S_T=4800$円

解答

　現在のコールオプションの価格をfとし，次のようなポートフォリオ
$$\Delta \times 5400\text{円} - 1 \times f\text{円}$$
を構成します．

　株価が$S_T=7200$円になったとき，このポートフォリオの価値は
$$\Delta \times 7200\text{円} - 1 \times (7200\text{円} - 6000\text{円})$$

　株価が$S_T=4800$円になったとき，このポートフォリオの価値は
$$\Delta \times 4800\text{円} - 1 \times 0\text{円}$$
です．

　したがって
$$\Delta \times 7200\text{円} - 1 \times (7200\text{円} - 6000\text{円}) = \Delta \times 4800\text{円} - 1 \times 0\text{円}$$
とおけば
$$\Delta \times (7200\text{円} - 4800\text{円}) = 7200\text{円} - 6000\text{円}$$
$$\Delta = \frac{7200\text{円} - 6000\text{円}}{7200\text{円} - 4800\text{円}}$$
$$= 0.5$$
となります．

【Δ の求め方】

演習 11.2 6 か月後の株価 S_T が，次のようになるという仮定のもとで，ポートフォリオの Δ の値を求めてください．

ただし，6 か月後の権利行使価格は $X = 3100$ 円とします．

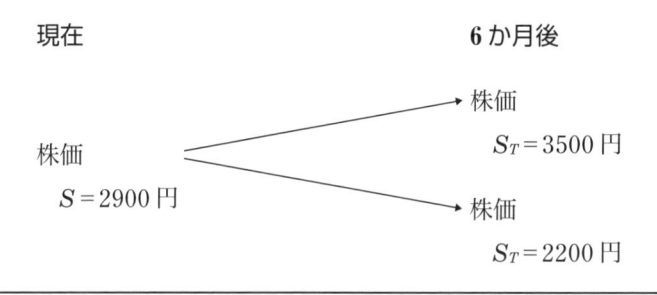

```
    現在                        6か月後
                              株価
                              $S_T = 3500$ 円
    株価
    $S = 2900$ 円
                              株価
                              $S_T = 2200$ 円
```

解答

現在のコールオプションの価格を f とし，次のようなポートフォリオ

$$\Delta \times \boxed{} - 1 \times f$$

を構成します．

株価が $S_T = 3500$ 円になったとき，このポートフォリオの価値は

$$\Delta \times \boxed{} - 1 \times (\boxed{} - \boxed{})$$

株価が $S_T = 2200$ 円になったとき，このポートフォリオの価値は

$$\Delta \times \boxed{} - 1 \times \boxed{}$$

です．

したがって

$$\Delta \times \boxed{} - 1 \times (\boxed{} - \boxed{}) = \Delta \times \boxed{} - 1 \times \boxed{}$$

とおけば

$$\Delta \times (\boxed{} - \boxed{}) = \boxed{} - \boxed{}$$

$$\Delta = \frac{\boxed{} - \boxed{}}{\boxed{} - \boxed{}}$$

$$= \boxed{}$$

となります．

【答】 0.308

ところで，現在のオプションの価格 f を次のように変形してみましょう．

$f = 0.4375 \times 16000 - 6650 \times e^{-0.03}$ ← $0.03 = 0.06 \times \dfrac{6\text{か月}}{12\text{か月}}$

$= e^{-0.03}\{0.4375 \times 16000 \times e^{0.03} - 6650\}$

$= e^{-0.03}\{0.4375 \times 16000 \times e^{0.03} - (0.4375 \times 18400 - 1400)\}$

$= e^{-0.03}\{0.4375 \times (16000 \times e^{0.03} - 18400) + 1400\}$

$= e^{-0.03}\left\{\dfrac{1400 - 0}{18400 - 15200} \times (16000 \times e^{0.03} - 18400) + 1400\right\}$

$= e^{-0.03}\left\{\dfrac{16000 \times e^{0.03} - 18400}{18400 - 15200} \times 1400 - \dfrac{16000 \times e^{0.03} - 18400}{18400 - 15200} \times 0 + 1400\right\}$

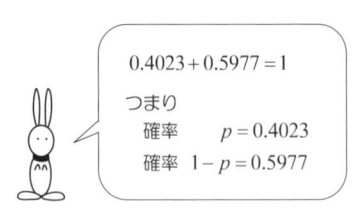

$= e^{-0.03}\left\{\dfrac{16000 \times e^{0.03} - 18400}{18400 - 15200} \times 1400 + 1400 - \dfrac{16000 \times e^{0.03} - 18400}{18400 - 15200} \times 0\right\}$

$= e^{-0.03}\left\{\left(\underbrace{\dfrac{16000 \times e^{0.03} - 18400}{18400 - 15200} + 1}_{=\,0.4023}\right) \times 1400 + \left(\underbrace{\dfrac{18400 - 16000 \times e^{0.03}}{18400 - 15200}}_{=\,0.5977}\right) \times 0\right\}$

> $0.4023 + 0.5977 = 1$
> つまり
> 確率　$p = 0.4023$
> 確率　$1 - p = 0.5977$

ということは，6か月後のコールオプションの状況を
$$確率\ p = 0.4023, \quad 確率\ 1 - p = 0.5977$$
を使って

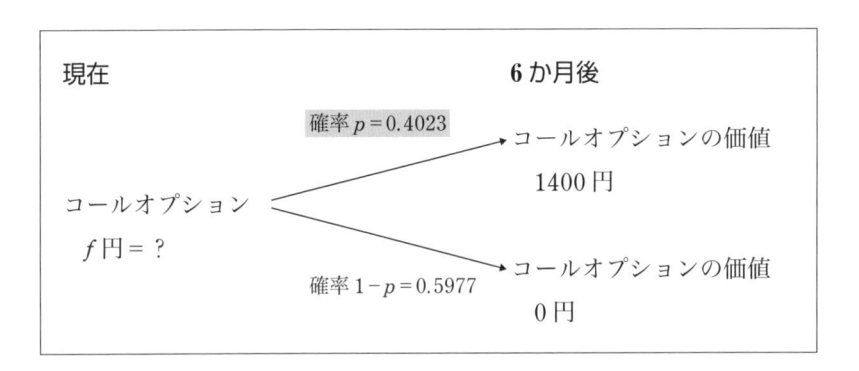

```
現在                              6か月後

                  確率 p = 0.4023
                            ──→  コールオプションの価値
                                    1400 円
  コールオプション
    f 円 = ?

                  確率 1 - p = 0.5977
                            ──→  コールオプションの価値
                                    0 円
```

のように考えることができます．

つまり，6か月後のコールオプションの期待値 E は
$$0.4023 \times 1400\ 円 + 0.5977 \times 0\ 円$$
ですから，
現在のコールオプションの価格 f は

$$f = e^{-0.03} \times (0.4023 \times 1400 + 0.5977 \times 0)$$

$$= e^{-0.03} \times 6か月後のコールオプションの期待値\ E$$

となりますね！

したがって……

> これは
> コールオプションについての
> リスク中立評価法です
> $1400 = S_T - X$

§11.1 リスク中立評価法の考え方は大切です！

┌─【コールオプションの価格式】─────────────────┐

```
         t                    T
    ─────┼────────────────────┼──────▶ 時間
        現在                 満期日
```

　　　S：現在の株価　　　　　S_T：時点 T の株価

　　　r：無リスク金利　　　　X：コールオプションの

　　　　（非危険利子率）　　　　　権利行使価格

⇨　このとき

　　現在のコールオプションの価格

　　$f = e^{-r} \cdot E[\max\{S_T - X, 0\}]$

└─────────────────────────────────┘

$\max\{S_T - X, 0\}$ は
満期日のコールオプションの価値なので
$E[\max\{S_T - X, 0\}]$ は
満期日のコールオプションの期待値です

$\max\{A, B\}$ とは
A, B の大きい方のことです
たとえば　$\max\{3, 5\} = 5$
この価格式の型を忘れないで！

━━【現在のコールオプションの価格の求め方―1期間の場合】━━
────金利を r（1期間）としたとき────

現在   1期後

　　　　　　　　　　　→ 株価 S_U
　　　　　　　　　　　　　コールオプションの価値 f_U
株価 S
　　　　　　　　　　　→ 株価 S_D
　　　　　　　　　　　　　コールオプションの価値 f_D

⇨　このとき
　　現在のコールオプションの価格
$$f = e^{-r} \times \left\{ \left(\frac{S \cdot e^r - S_U}{S_U - S_D} + 1 \right) \times f_U + \left(\frac{S_U - S \cdot e^r}{S_U - S_D} \right) \times f_D \right\}$$

> p.212 では　$r = 0.03$
>
> $S = 16000$ ─→ $S_U = 18400$,　$f_U = 1400$
> 　　　　　　　─→ $S_D = 15200$,　$f_D = 0$
>
> となっています

別の表現をすると，次のようになります．

━━ リスク中立評価法とは？（その 2）━━
リスク中立評価法とは
　　　　将来の期待値 E を無リスク金利 r で現在価値に割り引く
ことにより
　　　　現在のコールオプションの価格 f を決定する
方法です．

§11.1　リスク中立評価法の考え方は大切です！

┌─【現在のコールオプションの価格の求め方―2期間の場合】─┐

現在 ――――――→ 6か月後 ――――――→ 1年後
　　　金利3％　　　　　　金利3％

```
                              株価　21160円
                              オプションの価値
                    株価          21160円－17000円
                    18400円
株価                          株価　17480円
16000円                       オプションの価値
                    株価          17480円－17000円
                    15200円
                              株価　14440円
                              オプションの価値
                                  0円
```

⇒　このとき
　　現在のコールオプションの価格
　　　　f 円＝？

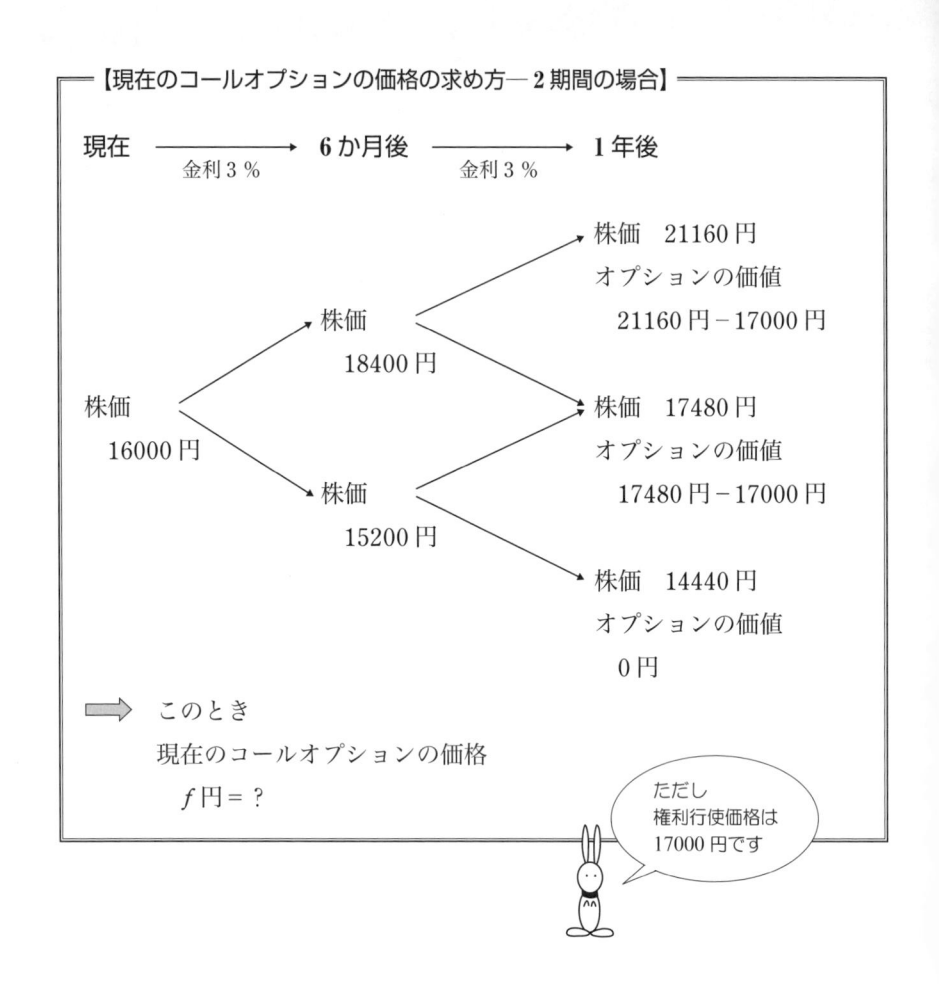

（ただし権利行使価格は17000円です）

　このとき，次のページのような手順で，
現在のコールオプションの価格 f を求めます．

手順 1　6か月後から1年後の上の部分に，
　　　　　1期間のコールオプションの公式を適用します．

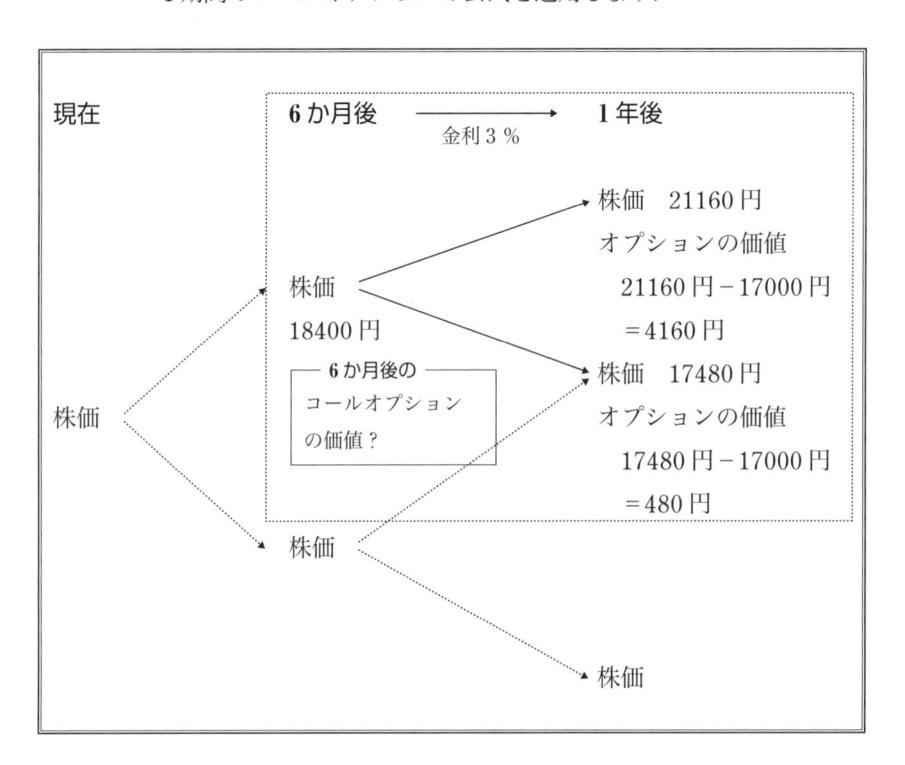

```
現在          6か月後        1年後
                 金利3%
                          ┌ 株価　21160円
                          │ オプションの価値
               株価        │ 21160円 − 17000円
               18400円    │ ＝4160円
                          │
        ┌──6か月後の──┐   │ 株価　17480円
        │ コールオプション │   │ オプションの価値
        │ の価値？      │   │ 17480円 − 17000円
        └──────────┘   │ ＝480円
               株価
                           株価
```

したがって

┌── **6か月後の** ──────────┐
│ コールオプションの価値　　　│
└──────────────────┘

$$= e^{-0.03} \times \left\{ \left(\frac{18400 \times e^{0.03} - 21160}{21160 - 17480} + 1 \right) \times 4160 + \left(\frac{21160 - 18400 \times e^{0.03}}{21160 - 17480} \right) \times 480 \right\}$$

$$= e^{-0.03} \times (0.4023 \times 4160 \text{円} + 0.5977 \times 480 \text{円})$$

$$= 1902.5 \text{円}$$

となります．

手順② 6か月後から1年後の下の部分に，
1期間のコールオプションの公式を適用します。

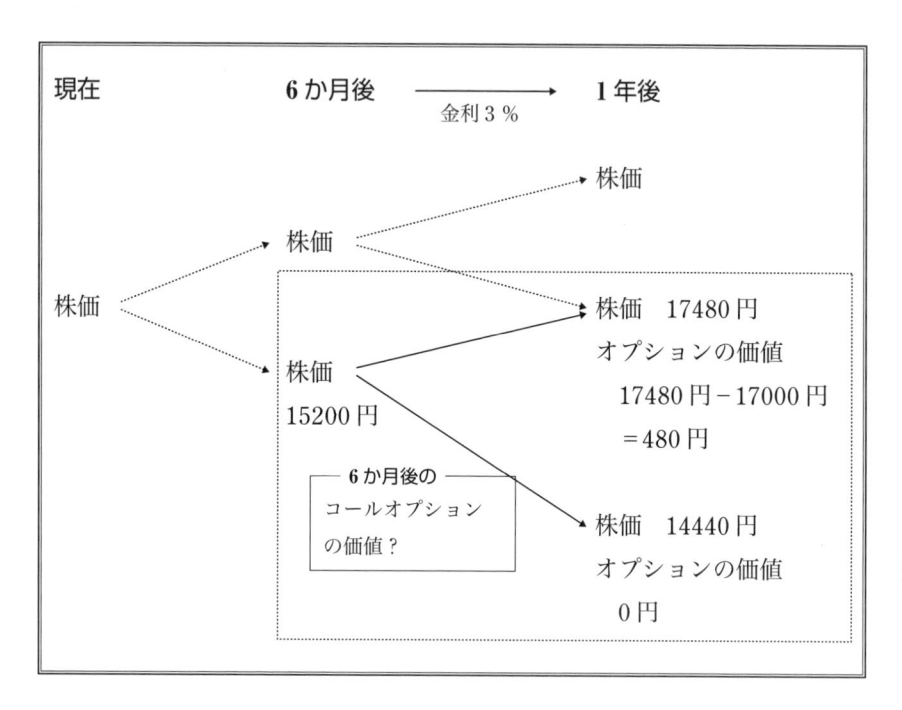

```
現在        6か月後   ────→   1年後
                    金利3％

                              →株価

              →株価
                       ┌─────────────────────────
                       │         →株価  17480円
   株価                │            オプションの価値
              →株価    │            17480円−17000円
                15200円│            ＝480円
                       │  ┌─6か月後の──┐
                       │  │コールオプション│
                       │  │の価値？    │
                       │  └────────┘
                       │         →株価  14440円
                       │            オプションの価値
                       │            0円
                       └─────────────────────────
```

したがって

┌─ **6か月後の** ─────────────┐
│ コールオプションの価値   │
└──────────────────────┘

$$= e^{-0.03}\left\{\left(\frac{15200 \times e^{0.03} - 17480}{17480 - 14440} + 1\right) \times 480 + \left(\frac{17480 - 15200 \times e^{0.03}}{17480 - 14440}\right) \times 0\right\}$$

$$= e^{-0.03} \times (0.4023 \times 480 \text{円} + 0.5977 \times 0 \text{円})$$

$$= 187.4 \text{円}$$

となります。

手順③　現在から6か月後の間の部分に，
1期間のコールオプションの公式を適用します．

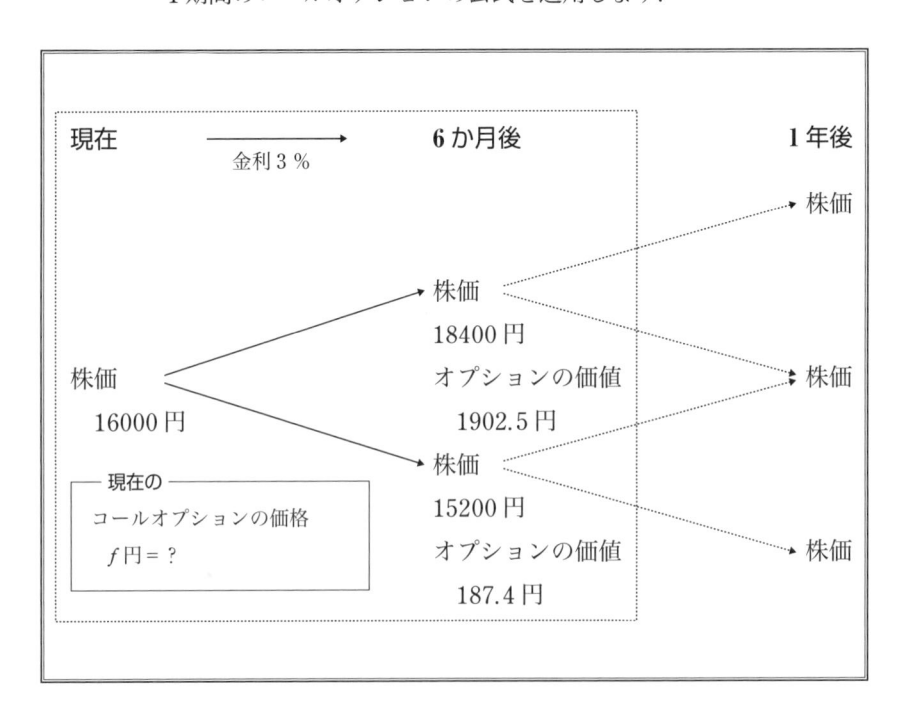

```
現在        ──────────>      6か月後              1年後
              金利3％
                                                  ┄> 株価
                          ┌> 株価 ┄┄
                          │   18400 円           ┄> 株価
株価 ────────┤   オプションの価値
  16000 円                │   1902.5 円
                          └> 株価 ┄┄
┌─ 現在の ─────┐            15200 円           ┄> 株価
│ コールオプションの価格 │   オプションの価値
│    f 円 = ?      │          187.4 円
└─────────────┘
```

したがって

┌─ 現在の ──────────────
│ コールオプションの価格 f
└────────────────────

$$= e^{-0.03}\left\{\left(\frac{16000\times e^{0.03}-18400}{18400-15200}+1\right)\times 1902.5 + \left(\frac{18400-16000\times e^{0.03}}{18400-15200}\right)\times 187.4\right\}$$

$$= e^{-0.03}\times(0.4023\times 1902.5\text{ 円} + 0.5977\times 187.4\text{ 円})$$

$$= 851.5\text{ 円}$$

となりました．

実際の応用について

この２項モデルの考え方を，実際の例に応用するときは，次のようになります．

手順 [0]　１年後の株価が，次のようになっているとします．

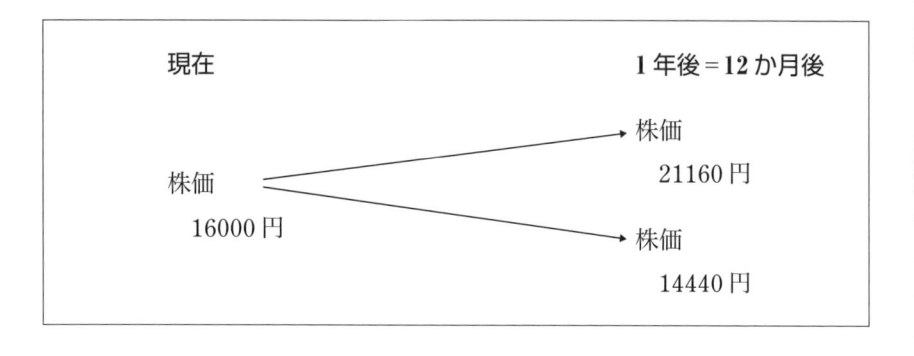

```
現在                          1年後 = 12か月後
                              ↗ 株価
                                21160円
株価
16000円
                              ↘ 株価
                                14440円
```

手順 [1]　６か月に分割します．

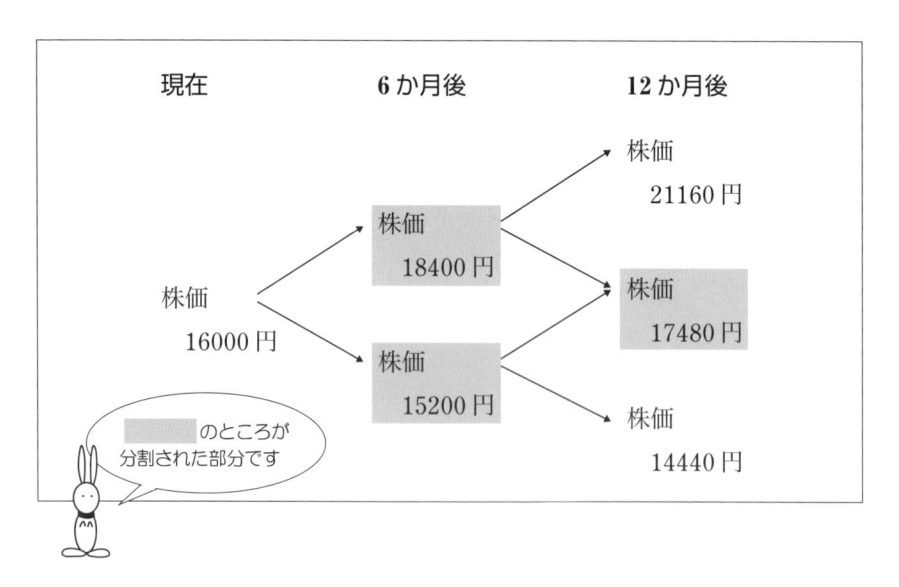

```
現在          6か月後          12か月後
                               ↗ 株価
                                 21160円
              株価
           ↗  18400円
                               ↘ 株価
株価                              17480円
16000円                        ↗
           ↘  株価
              15200円
                               ↘ 株価
                                 14440円
```

のところが分割された部分です

手順 2　さらに，3か月に分割します．

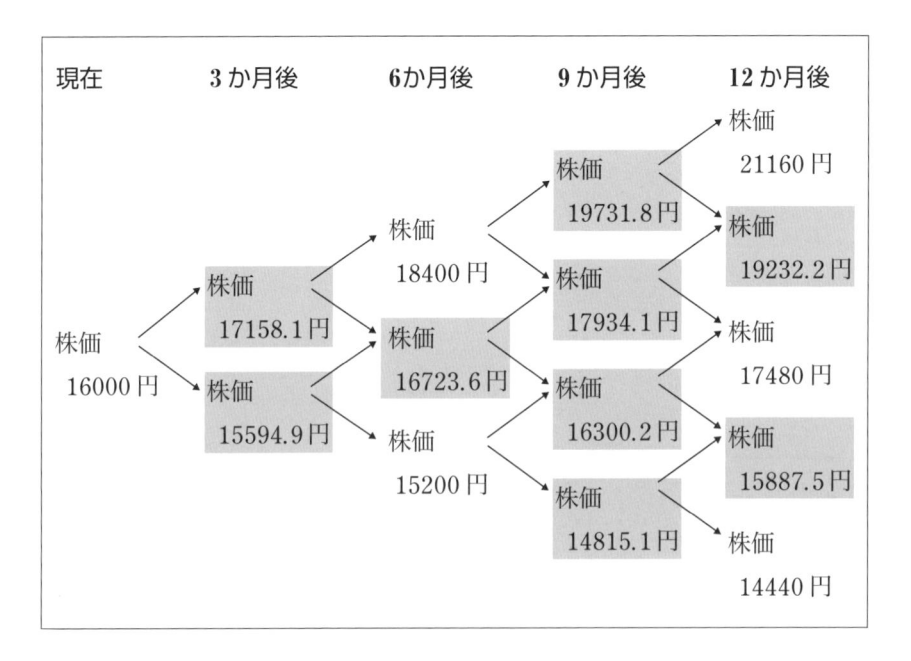

```
現在        3か月後      6か月後      9か月後      12か月後
                                                    株価
                                                    21160 円
                                      株価
                                      19731.8 円
                                                    株価
                          株価                       19232.2 円
                          18400 円
            株価                       株価
            17158.1 円    株価          17934.1 円
                          16723.6 円                 株価
株価                                                 17480 円
16000 円                              株価
            株価                       16300.2 円
            15594.9 円    株価                       株価
                          15200 円                   15887.5 円
                                      株価
                                      14815.1 円
                                                    株価
                                                    14440 円
```

手順 3　さらに，1か月半に分割します．

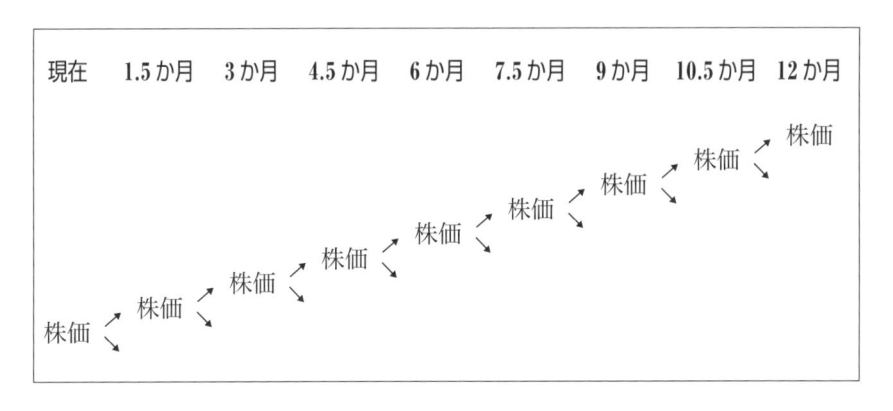

```
現在  1.5か月  3か月  4.5か月  6か月  7.5か月  9か月  10.5か月  12か月
```

このように，期間を小さく分割することにより

　　　　　　　離散モデル　⟹　連続モデル

に近づけることができます．

§11.1　リスク中立評価法の考え方は大切です！

―【コールオプションの価格の求め方】――――――――――――

例題 11.3 無リスク金利(年利)を $r=0.04$ とします.3か月後の株価の状況を次のように仮定したとき,現在のコールオプションの価格 f はいくらにすればいいでしょうか?

ただし,3か月後の権利行使価格を $X=6000$ 円とします.

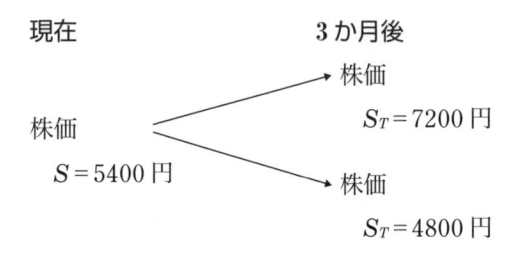

```
       現在              3か月後
                     ┌─→ 株価
                     │    $S_T = 7200$ 円
       株価 ────────┤
       $S = 5400$ 円   │
                     └─→ 株価
                          $S_T = 4800$ 円
```

解答

株価が $S_T = 7200$ 円になるとき,

$$\text{コールオプションの価値 } f_U = 7200 - 6000 = 1200$$

株価が $S_T = 4800$ 円になったとき,

$$\text{コールオプションの価値 } f_D = 0$$

したがって,

現在のコールオプションの価格 f は,　　　　　　　　　　☞ p.215

$$f = e^{-0.04 \times 0.25} \times \left\{ \left(\frac{5400 \times e^{0.04 \times 0.25} - 7200}{7200 - 4800} + 1 \right) \times 1200 \right.$$

$$\left. + \left(\frac{7200 - 5400 \times e^{0.04 \times 0.25}}{7200 - 4800} \right) \times 0 \right\}$$

$$= 323.9$$

となります.

── 【コールオプションの価格の求め方】 ──

演習 11.3 無リスク金利（年利）を $r=0.05$ とします．6か月後の株価の状況を次のように仮定したとき，現在のコールオプションの価格 f はいくらにすればいいでしょうか？

ただし，6か月後の権利行使価格を $X=3100$ 円にします．

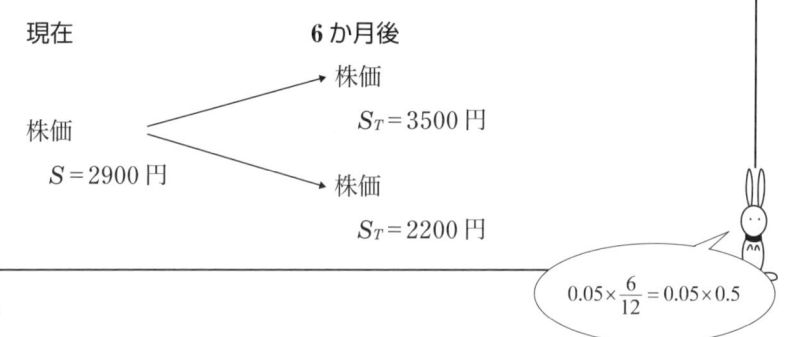

現在　　　　　　　　6か月後

株価　　　　　　　　株価
　　　　　　　　　　$S_T=3500$ 円
$S=2900$ 円
　　　　　　　　　　株価
　　　　　　　　　　$S_T=2200$ 円

$0.05 \times \dfrac{6}{12} = 0.05 \times 0.5$

解答

株価が $S_T=3500$ 円になるとき，

　　コールオプションの価値 $f_U =$ □ − □

　　　　　　　　　　　　　　　　$=$ ㋐ □

株価が $S_T=2200$ 円になったとき，

　　コールオプションの価値 $f_D =$ ㋑ □

したがって，

現在のコールオプションの価格 f は，

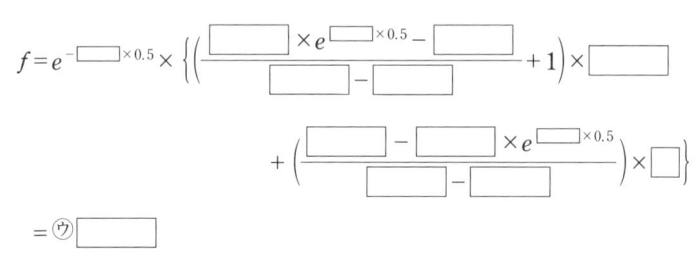

$$f = e^{-\square \times 0.5} \times \left\{ \left(\dfrac{\square \times e^{\square \times 0.5} - \square}{\square - \square} + 1 \right) \times \square \right.$$

$$\left. + \left(\dfrac{\square - \square \times e^{\square \times 0.5}}{\square - \square} \right) \times \square \right\}$$

$= $ ㋒ □

となります．

【答】　㋐　400　　㋑　0　　㋒　232.1

§11.1　リスク中立評価法の考え方は大切です！

§11.2 ブラック・ショールズ微分方程式が意味するもの？

ここで，突然ですが……

株価の投資収益率の分布

株価 S が伊藤過程（＝伊藤積分過程）

$$dS = \mu S \cdot dt + \sigma S \cdot dB$$

に従っているとき

"株価 S の投資収益率 $\log \dfrac{S_T}{S}$ は

平均 $\left(\mu - \dfrac{\sigma^2}{2}\right)(T-t)$，標準偏差 $\sigma\sqrt{T-t}$

の正規分布に従います。"

対数の性質を利用すると

$$\log \frac{S_T}{S} = \log S_T - \log S$$

ですから，

"$\log S_T$ は

平均 $\log S + \left(\mu - \dfrac{\sigma^2}{2}\right)(T-t)$，標準偏差 $\sigma\sqrt{T-t}$

の正規分布に従います。"

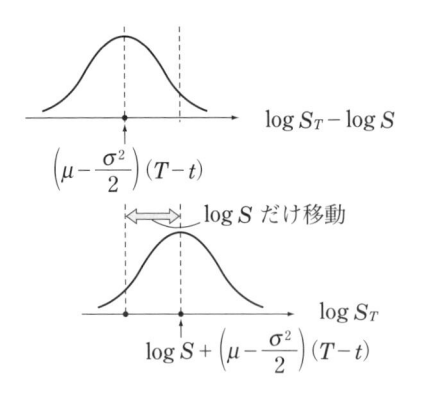

位置が $\log S$ だけ右に移動しても分散は変わりません

正規分布の確率密度関数の形を思い出すと……

$\log S_T$ の確率密度関数は

$$\frac{1}{\sigma\sqrt{T-t}\cdot\sqrt{2\pi}}\cdot e^{-\frac{1}{2}\left(\frac{\log S_T - \left(\log S + \left(\mu - \frac{\sigma^2}{2}\right)(T-t)\right)}{\sigma\sqrt{T-t}}\right)^2}$$

となります．

ここで，次のような設定をしましょう．

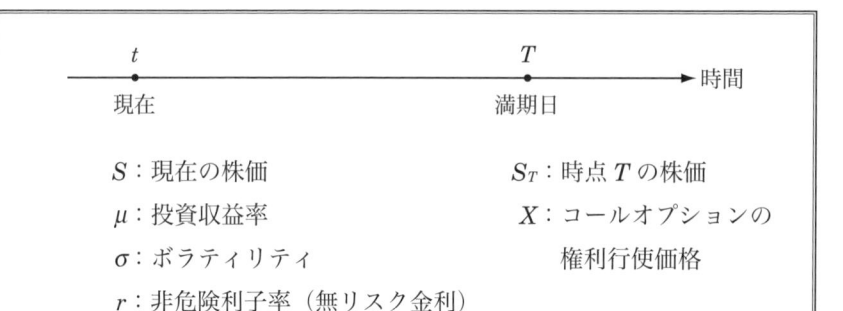

```
       t                    T
       ●────────────────────●──────────────▶ 時間
      現在                 満期日
```

S：現在の株価　　　　　　　S_T：時点 T の株価

μ：投資収益率　　　　　　　X：コールオプションの

σ：ボラティリティ　　　　　　　権利行使価格

r：非危険利子率（無リスク金利）

$f(S,t)$：コールオプションの価格

このとき，株価 S のコールオプションの価格 $f(S,t)$ は，次の微分方程式

$$r\cdot f(S,t) = \frac{\partial f}{\partial t} + \frac{1}{2}\frac{\partial^2 f}{\partial S^2}\cdot\sigma^2\cdot S^2 + r\cdot\frac{\partial f}{\partial S}\cdot S$$

の解になっています．

この微分方程式が

　　　　　　　ブラック・ショールズ微分方程式

ですね！

§11.2　ブラック・ショールズ微分方程式が意味するもの？

このブラック・ショールズ微分方程式で，最も重要な点は
　　"この微分方程式の中に投資収益率 μ が含まれていない"
という点です．
　ということは

> 株価の投資収益率 μ ＝無リスク証券の投資収益率
> 　　　　　　　　　　＝無リスク金利 r

←①

ということを示しています．

　このことから……

　現在のコールオプションの価格 f を決定するためには　　　←②

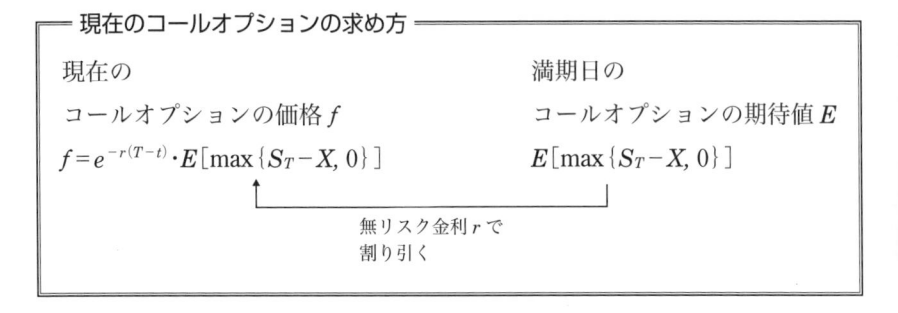

――― 現在のコールオプションの求め方 ―――

現在の
コールオプションの価格 f
$f = e^{-r(T-t)} \cdot E[\max\{S_T - X, 0\}]$

満期日の
コールオプションの期待値 E
$E[\max\{S_T - X, 0\}]$

無リスク金利 r で
割り引く

とすればいいわけです．

　　　ここから
　　　p.230 へ進みます！

▲ 左ページの説明です！

←① 『フィナンシャルエンジニアリング』では，ここのところを

　　　参考文献 [2]

「この式に表れる変数は
　　現在の株価，時点，株価のボラティリティ，非危険利子率
である．
これらはすべて，リスク選好度から独立であるため
　　"すべての投資家はリスク・ニュートラルである"
という，きわめて単純な仮定が置ける．」

と説明しています．
　これはウマイ説明ですね!!

ここが最も **大切**

←② リスク中立評価法を思い出しましょう．

§11.2　ブラック・ショールズ微分方程式が意味するもの？　　227

> ─── 疑問・質問なんでもコーナー！ ───
> でも，p.215のリスク中立評価法は
> 　　　　　　　2項モデル　……　（離散モデル）
> の場合についてでした．
> このブラック・ショールズ微分方程式は
> 　　　　　　　連続モデル
> ですけど……

　2項モデルは離散型確率分布で，正規分布は連続型確率分布です．

　でも，株価の動きを1年後ではなく，毎日の動きとしてとらえることにより，離散型を連続型，つまり

$$2項分布 \xrightarrow{極限} 正規分布$$

のように考えることができますね!!

　このことは

$$2項モデル \Longrightarrow 正規モデル$$

を意味し

$$2項モデルの極限 = ブラック・ショールズモデル$$

となります．

～～～～～～～～～～～～～～～～～～～～～～～～～～～～～～～～～～～
🔧 孫の手
～～～～～～～～～～～～～～～～～～～～～～～～～～～～～～～～～～～

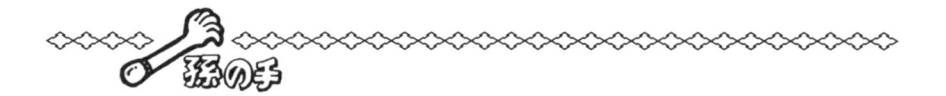

【いろいろな確率分布の関係図】

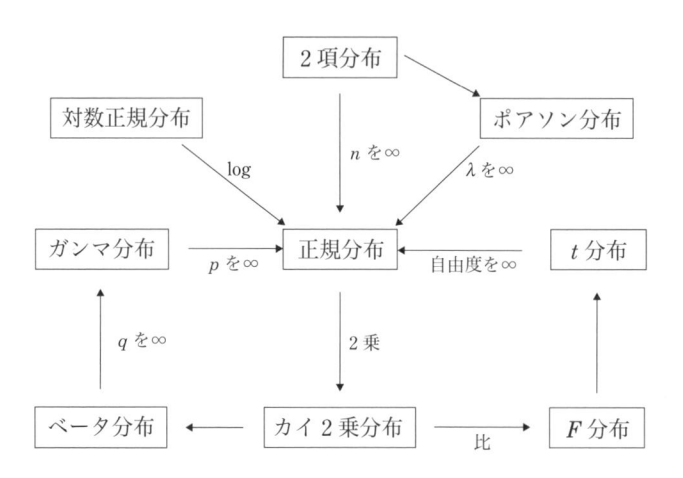

```
                          ┌─────────┐
                          │ 2項分布  │
                          └────┬────┘
  ┌──────────┐                │              ┌──────────┐
  │対数正規分布│                │              │ポアソン分布│
  └─────┬────┘                │              └─────┬────┘
        │ log          n を∞  │          λ を∞    │
        └──────────┐     │     ┌──────────────────┘
                   ↓     ↓     ↓
  ┌──────────┐  ┌─────────────┐              ┌──────────┐
  │ ガンマ分布 │  │   正規分布   │              │  t 分布   │
  └─────┬────┘  └──────┬──────┘   自由度を∞   └─────┬────┘
        ↑    p を∞      │ 2乗                        │
      q を∞             ↓                           │
  ┌──────────┐  ┌─────────────┐     比        ┌──────────┐
  │ ベータ分布 │←─│ カイ2乗分布  │──────────→│  F 分布   │
  └──────────┘  └─────────────┘              └──────────┘
```

～～～～～～～～～～～～～～～～～～～～～～～～～～～～～～～～～～～

§11.2　ブラック・ショールズ微分方程式が意味するもの？

§11.3 リスク中立評価法による
　　　ブラック・ショールズの公式の求め方

p.226から，ここへ続きます．

そこで，現在のコールオプションの価格 f
$$f = e^{-r(T-t)} \cdot E[\max\{S_T - X, 0\}]$$ ←①
を解いてみましょう．

まずはじめに，右辺の
$$E[\max\{S_T - X, 0\}]$$
に注目しましょう．
$$E[\;\;\;\;\;\;]$$
は期待値ですから，その定義を思い出すと ←②

$$E[\;\;\;\;\;\;] = \int_{-\infty}^{+\infty} \;\;\;\;\; \cdot f(\;\;\;\;\;) \cdot d\;\;\;\;\;$$ ←③

　　　　　　　　　　　　↑
　　　　　　　　　　の確率密度関数

のように表現できます．

　ということは，この期待値を計算するためには
$$\boxed{\max\{S_T - X, 0\}} \text{ の確率密度関数}$$
がわかっていなければなりません．

　ところが，今，わかっているのは

$\log S_T$ は

　　平均 $\log S + \left(r - \dfrac{\sigma^2}{2}\right)(T-t)$，標準偏差 $\sigma\sqrt{T-t}$

の正規分布に従っている

☞ p.244

ということだけなのです．

左ページの説明です！

←① $\max\{A, B\}$ は大きい方．たとえば，$\max\{5, 8\} = 8$

←② 離散型確率分布

表 11.3.1

確率変数 $X = x_i$	x_1	x_2	$\cdots$	x_N
確率 $P(X = x_i)$	p_1	p_2	$\cdots$	p_N

の期待値 $E[X]$ は
$$E[X] = x_1 p_1 + x_2 p_2 + \cdots + x_N p_N$$
です．

←③ 連続型確率分布

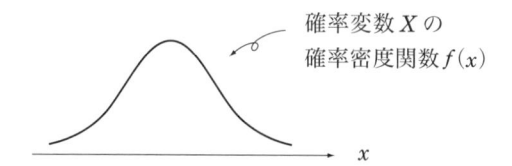

確率変数 X の
確率密度関数 $f(x)$

の期待値 $E[X]$ は

$$E[X] = \int_{-\infty}^{+\infty} x \cdot \underline{f(x)}\, dx$$

↑
X の確率密度関数

となります．

左ページの X は
権利行使価格です

この X は
確率変数です

§11.3 リスク中立評価法によるブラック・ショールズの公式の求め方

次の定理を利用しましょう．

確率変数 X の関数 $g(X)$ の期待値の定理

確率変数 X の関数 $g(X)$ の期待値 $E[g(X)]$ は，確率変数 X の確率密度関数を $f(x)$ とすると

$$E[g(X)] = \int_{-\infty}^{+\infty} g(x) \cdot \underline{f(x)}\, dx$$

↑
確率変数 X の
確率密度関数　　　　←④

となります．

そこで，S_T を次の形に変形します．
$$S_T = e^{\log S_T}$$

このように変形してみると

$$E[\max\{S_T - X, 0\}] = E[\max\{e^{\log S_T} - X, 0\}]$$

$$= \int_{-\infty}^{+\infty} \max\{e^{\log S_T} - X, 0\} \cdot \boxed{} \cdot d(\log S_T)$$

↑
$\log S_T$ の
確率密度関数

となります．

ところが，$\log S_T$ は正規分布に従っていますから，$\log S_T$ の確率密度関数は

$$\frac{1}{\sigma\sqrt{T-t}\cdot\sqrt{2\pi}} e^{-\frac{1}{2}\left(\frac{\log S_T - \left(\log S + \left(r - \frac{\sigma^2}{2}\right)(T-t)\right)}{\sigma\sqrt{T-t}}\right)^2} \qquad ←⑤$$

と表すことができますね．

この式を，期待値の $\boxed{}$ のところに代入しましょう．

◢左ページの説明です！

定理の中の X は
確率変数です

$S_T - X$ の X は
権利行使価格です

←④　次の $E[X]$ と $E[g(X)]$ を比べてください．

$$E[X] = \int_{-\infty}^{+\infty} x \cdot f(x)\, dx$$

$$E[g(X)] = \int_{-\infty}^{+\infty} g(x) \cdot f(x)\, dx$$

X が $g(X)$ になっても，$f(x)$ のところは変わりません．

←⑤　正規分布の確率密度関数は

$$\frac{1}{\text{標準偏差} \cdot \sqrt{2\pi}}\, e^{-\frac{1}{2}\left(\frac{x - \text{平均}}{\text{標準偏差}}\right)^2}$$

なので，$\log S_T$ の確率密度関数は

$$\frac{1}{\sigma\sqrt{T-t} \cdot \sqrt{2\pi}}\, e^{-\frac{1}{2}\left(\frac{\log S_T - \left(\log S + \left(r - \frac{\sigma^2}{2}\right)(T-t)\right)}{\sigma\sqrt{T-t}}\right)^2}$$

となります．

§11.3　リスク中立評価法によるブラック・ショールズの公式の求め方

したがって

$$E[\max\{S_T - X, 0\}]　　　　　　　　　　　　　← ⑥$$

$$= \int_{-\infty}^{+\infty} \max\{e^{\log S_T} - X, 0\}$$

$$\cdot \frac{1}{\sigma\sqrt{T-t} \cdot \sqrt{2\pi}} e^{-\frac{1}{2}\left(\frac{\log S_T - \left(\log S + \left(r - \frac{\sigma^2}{2}\right)(T-t)\right)}{\sigma\sqrt{T-t}}\right)^2} \cdot d(\log S_T)$$

となります.　　　　　　　　　　　　　　　　　　← ⑦

ここで，変数変換

$$v = \frac{\log S_T - \left(\log S + \left(r - \frac{\sigma^2}{2}\right)(T-t)\right)}{\sigma\sqrt{T-t}}　　← ⑧$$

を使って，

　　　　変数 $\log S_T$ を新しい変数 v

に変えます.

すると……

$$\sigma\sqrt{T-t} \cdot v = \log S_T - \left(\log S + \left(r - \frac{\sigma^2}{2}\right)(T-t)\right)$$

となりますから

$$\begin{cases} \log S_T = \log S + \left(r - \frac{\sigma^2}{2}\right)(T-t) + \sigma\sqrt{T-t} \cdot v \\ d(\log S_T) = \sigma\sqrt{T-t} \cdot dv \end{cases}　　← ⑨$$

ですね.

◀ 左ページの説明です！

◀ ⑥ $e^{\log x} = x$

◀ ⑦ $= \int_{-\infty}^{+\infty} \max\{e^{\log S_T} - X, 0\} \cdot \boxed{} \cdot d(\log S_T)$

　　　　　　　　　　　　　　　　　　　↑
　　　　　　　　　　　　　　$\log S_T$ の確率密度関数

◀ ⑧ $x \longmapsto \dfrac{x - 平均値}{標準偏差}$

> この変数変換を**標準化**といいます

◀ ⑨ $y = ax$
　　　$dy = a \cdot dx$

§11.3　リスク中立評価法によるブラック・ショールズの公式の求め方

この変数変換

$$\begin{cases} \log S_T = \log S + \left(r - \dfrac{\sigma^2}{2}\right)(T-t) + \sigma\sqrt{T-t}\cdot v \\ S_T = S\cdot e^{\left(r-\frac{\sigma^2}{2}\right)(T-t) + \sigma\sqrt{T-t}\cdot v} \end{cases}$$

に従って，変形していくと

$E[\max\{S_T - X, 0\}]$

$$= \int_{-\infty}^{+\infty} \max\{S\cdot e^{\left(r-\frac{\sigma^2}{2}\right)(T-t)+\sigma\sqrt{T-t}\cdot v} - X, 0\}$$
$$\cdot \frac{1}{\sigma\sqrt{T-t}} \cdot \frac{1}{\sqrt{2\pi}} e^{-\frac{v^2}{2}} \cdot \sigma\sqrt{T-t}\cdot dv \qquad \leftarrow ⑩$$

$$= \int_{-\infty}^{+\infty} \max\{S\cdot e^{\left(r-\frac{\sigma^2}{2}\right)(T-t)+\sigma\sqrt{T-t}\cdot v} - X, 0\} \cdot \frac{1}{\sqrt{2\pi}} e^{-\frac{v^2}{2}} \cdot dv$$

$$= \underbrace{\int_{-\infty}^{○} \rule{3em}{0.5em} dv}_{= \; 0} + \int_{○}^{+\infty} \rule{3em}{0.5em} dv \qquad \leftarrow ⑪$$

$$= \int_{○}^{+\infty} \{S\cdot e^{\left(r-\frac{\sigma^2}{2}\right)(T-t)+\sigma\sqrt{T-t}\cdot v} - X\} \cdot \frac{1}{\sqrt{2\pi}} e^{-\frac{v^2}{2}} \cdot dv \qquad \leftarrow ⑫$$

ここで，積分を2つの部分 A, B に分けます．

$$= \underbrace{\int_{○}^{+\infty} S\cdot e^{\left(r-\frac{\sigma^2}{2}\right)(T-t)+\sigma\sqrt{T-t}\cdot v} \cdot \frac{1}{\sqrt{2\pi}} e^{-\frac{v^2}{2}} dv}_{= \; A} - \underbrace{\int_{○}^{+\infty} X \cdot \frac{1}{\sqrt{2\pi}} e^{-\frac{v^2}{2}} dv}_{= \; B}$$

$$○ = \frac{-\log\dfrac{S}{X} - \left(r - \dfrac{\sigma^2}{2}\right)(T-t)}{\sigma\sqrt{T-t}}$$

◀︎左ページの説明です！

◀︎⑩　$= \int_{-\infty}^{+\infty} \max\{S \cdot e^{\left(r-\frac{\sigma^2}{2}\right)(T-t)+\sigma\sqrt{T-t}} - X, 0\}$

$\cdot \boxed{} \cdot \sigma\sqrt{T-t} \cdot dv$

◀︎⑪

$\max\{S_T - X, 0\}$ のグラフ

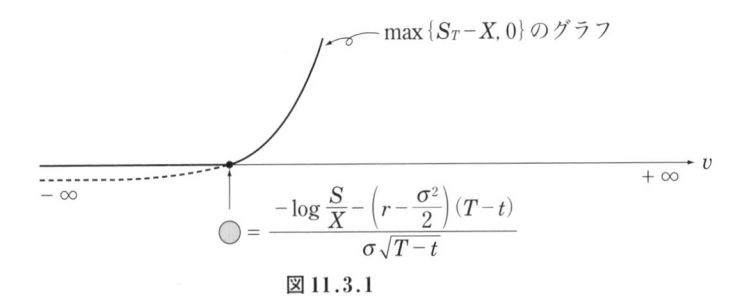

$-\infty$ ● $= \dfrac{-\log\dfrac{S}{X} - \left(r-\dfrac{\sigma^2}{2}\right)(T-t)}{\sigma\sqrt{T-t}}$ $+\infty$ v

図 11.3.1

∵ なぜならば

$$S \cdot e^{\left(r-\frac{\sigma^2}{2}\right)(T-t)+\sigma\sqrt{T-t}\cdot v} \geqq X$$

$$e^{\left(r-\frac{\sigma^2}{2}\right)(T-t)+\sigma\sqrt{T-t}\cdot v} \geqq \frac{X}{S}$$

$$\left(r-\frac{\sigma^2}{2}\right)(T-t) + \sigma\sqrt{T-t}\cdot v \geqq \log\frac{X}{S}$$

$$\sigma\sqrt{T-t}\cdot v \geqq \log\frac{X}{S} - \left(r-\frac{\sigma^2}{2}\right)(T-t)$$

$$\sigma\sqrt{T-t}\cdot v \geqq -\log\frac{S}{X} - \left(r-\frac{\sigma^2}{2}\right)(T-t)$$

$$v \geqq \frac{-\log\dfrac{S}{X} - \left(r-\dfrac{\sigma^2}{2}\right)(T-t)}{\sigma\sqrt{T-t}}$$

◀︎⑫　$\int \{a(x) - b(x)\} \cdot f(x)dx = \int a(x) \cdot f(x)dx - \int b(x) \cdot f(x)dx$

§11.3　リスク中立評価法によるブラック・ショールズの公式の求め方

・A の部分の計算

$$A = \int_{\bigcirc}^{+\infty} S \cdot e^{\left(r - \frac{\sigma^2}{2}\right)(T-t) + \sigma\sqrt{T-t} \cdot v} \cdot \frac{1}{\sqrt{2\pi}} e^{-\frac{v^2}{2}} dv$$

$$= S \cdot e^{r(T-t)} \int_{\bigcirc}^{+\infty} \frac{1}{\sqrt{2\pi}} e^{-\frac{1}{2}(v - \sigma\sqrt{T-t})^2} dv \qquad \leftarrow ⑬$$

ここで，さらに

$$z = v - \sigma\sqrt{T-t}$$

と変数変換すると

$$dz = dv$$

ですから

$$= S \cdot e^{r(T-t)} \int_{\bigcirc - \sigma\sqrt{T-t}}^{+\infty} \frac{1}{\sqrt{2\pi}} e^{-\frac{z^2}{2}} dz$$

$$= S \cdot e^{r(T-t)} \int_{-(\sigma\sqrt{T-t} - \bigcirc)}^{+\infty} \frac{1}{\sqrt{2\pi}} e^{-\frac{z^2}{2}} dz$$

ここで，標準正規分布のグラフを思い出して……

$$\bigcirc = \frac{-\log\frac{S}{X} - \left(r - \frac{\sigma^2}{2}\right)(T-t)}{\sigma\sqrt{T-t}}$$

◀︎ ⑬ 左ページの説明です！

$$S \cdot e^{\left(r-\frac{\sigma^2}{2}\right)(T-t)+\sigma\sqrt{T-t}\cdot v} \cdot e^{-\frac{v^2}{2}}$$

$$= S \cdot e^{r(T-t)} \cdot e^{-\frac{\sigma^2}{2}(T-t)+\sigma\sqrt{T-t}\cdot v - \frac{v^2}{2}}$$

$$= S \cdot e^{r(T-t)} \cdot e^{-\frac{1}{2}(v^2 - 2\sigma\sqrt{T-t}\cdot v + \sigma^2(T-t))}$$

$$= S \cdot e^{r(T-t)} \cdot e^{-\frac{1}{2}(v - \sigma\sqrt{T-t})^2}$$

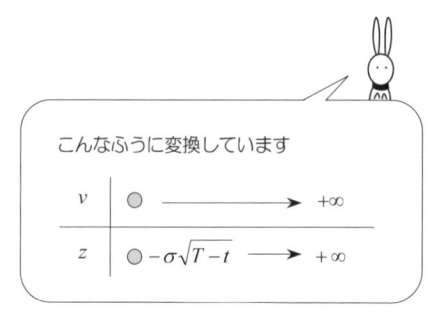

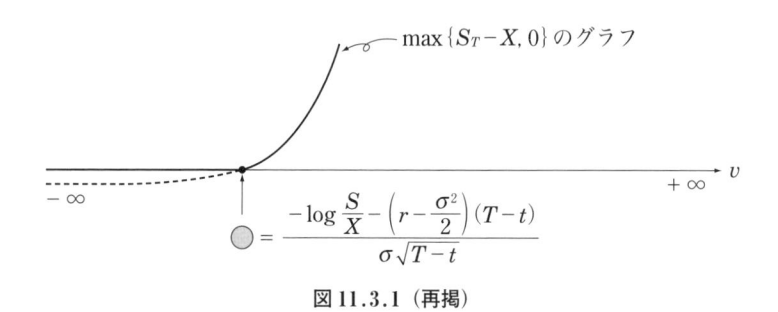

こんなふうに変換しています

v	○	⟶ $+\infty$
z	$-\sigma\sqrt{T-t}$	⟶ $+\infty$

$\max\{S_T - X, 0\}$ のグラフ

$$○ = \frac{-\log\frac{S}{X} - \left(r - \frac{\sigma^2}{2}\right)(T-t)}{\sigma\sqrt{T-t}}$$

図 11.3.1（再掲）

§11.3 リスク中立評価法によるブラック・ショールズの公式の求め方

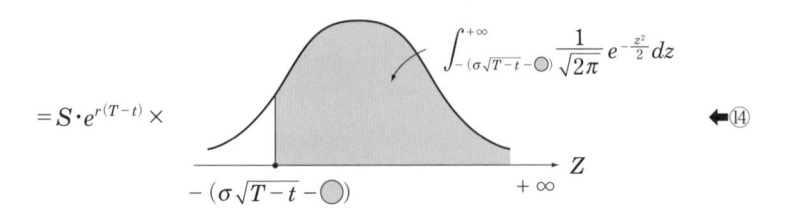

$$= S \cdot e^{r(T-t)} \times \quad \int_{-(\sigma\sqrt{T-t}-\bigcirc)}^{+\infty} \frac{1}{\sqrt{2\pi}} e^{-\frac{z^2}{2}} dz \quad \leftarrow ⑭$$

$$= S \cdot e^{r(T-t)} \times \quad \int_{-\infty}^{\sigma\sqrt{T-t}-\bigcirc} \frac{1}{\sqrt{2\pi}} e^{-\frac{z^2}{2}} dz \quad \leftarrow ⑮$$

$$= S \cdot e^{r(T-t)} \cdot N(\sigma\sqrt{T-t} - \bigcirc) \quad \leftarrow ⑯$$

$$= S \cdot e^{r(T-t)} \cdot N\left(\sigma\sqrt{T-t} - \frac{-\log\frac{S}{X} - \left(r - \frac{\sigma^2}{2}\right)(T-t)}{\sigma\sqrt{T-t}} \right)$$

$$= S \cdot e^{r(T-t)} \cdot N\left(\frac{\sigma^2(T-t) + \log\frac{S}{X} + \left(r - \frac{\sigma^2}{2}\right)(T-t)}{\sigma\sqrt{T-t}} \right)$$

$$= S \cdot e^{r(T-t)} \cdot N\left(\frac{\log\frac{S}{X} + \left(r + \frac{\sigma^2}{2}\right)(T-t)}{\sigma\sqrt{T-t}} \right)$$

$$\bigcirc = \frac{-\log\frac{S}{X} - \left(r - \frac{\sigma^2}{2}\right)(T-t)}{\sigma\sqrt{T-t}}$$

左ページの説明です！

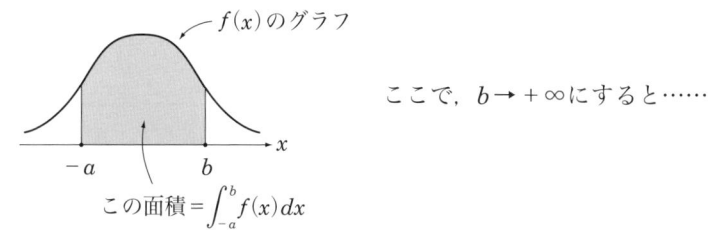

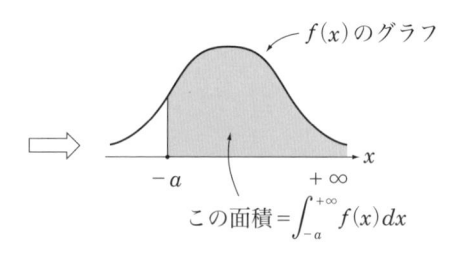

← ⑭

この面積 $= \int_{-a}^{b} f(x)dx$

ここで, $b \to +\infty$ にすると……

この面積 $= \int_{-a}^{+\infty} f(x)dx$

← ⑮ 標準正規分布のグラフは左右対称です．

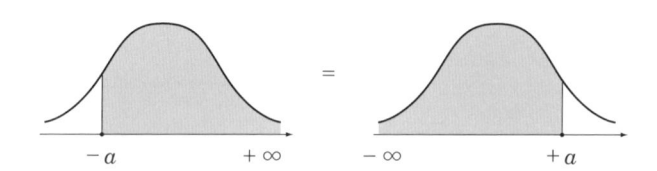

← ⑯ たとえば……

$$N(0.3685) = \int_{-\infty}^{0.3685} \frac{1}{\sqrt{2\pi}} e^{-\frac{z^2}{2}} dz$$

= 標準正規分布 = 0.6437

§11.3 リスク中立評価法によるブラック・ショールズの公式の求め方

・B の部分の計算

$$B = \int_{\bigcirc}^{+\infty} X \cdot \frac{1}{\sqrt{2\pi}} e^{-\frac{v^2}{2}} dv$$

$$= X \cdot \int_{\bigcirc}^{+\infty} \frac{1}{\sqrt{2\pi}} e^{-\frac{v^2}{2}} dv$$

$\bigcirc = \dfrac{-\log \dfrac{S}{X} - \left(r - \dfrac{\sigma^2}{2}\right)(T-t)}{\sigma\sqrt{T-t}}$

$= X \times$ （図）　$\int_{\bigcirc}^{+\infty} \dfrac{1}{\sqrt{2\pi}} e^{-\frac{v^2}{2}} dv$　←⑰

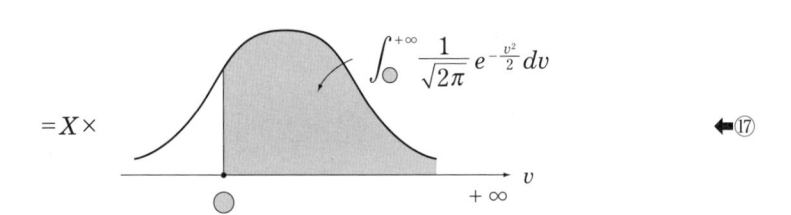

$= X \times$ （図）　$\int_{-\infty}^{-\bigcirc} \dfrac{1}{\sqrt{2\pi}} e^{-\frac{v^2}{2}} dv$　←⑱

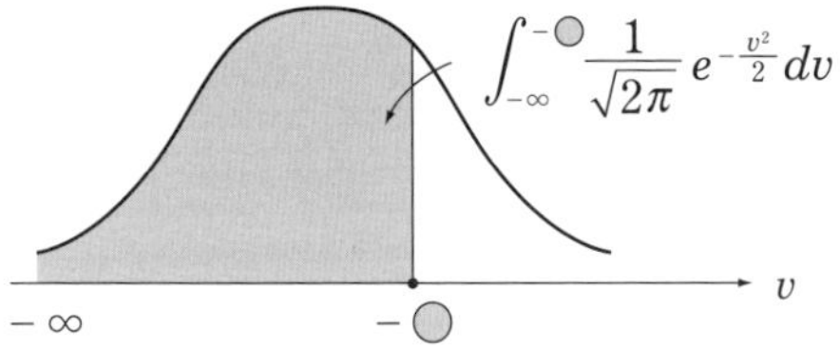

$= X \cdot N(-\bigcirc)$　←⑲

$$= X \cdot N\left(-\frac{-\log\dfrac{S}{X} - \left(r - \dfrac{\sigma^2}{2}\right)(T-t)}{\sigma\sqrt{T-t}}\right)$$

$$= X \cdot N\left(\frac{\log\dfrac{S}{X} + \left(r - \dfrac{\sigma^2}{2}\right)(T-t)}{\sigma\sqrt{T-t}}\right)$$

左ページの説明です！

⑰ $\displaystyle\int_a^{+\infty} \frac{1}{\sqrt{2\pi}} e^{-\frac{v^2}{2}} dv =$

⑱ 標準正規分布のグラフは左右対称なので

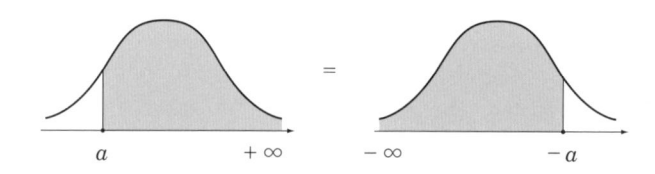

⑲ $N(-a) = \displaystyle\int_{-\infty}^{-a} \frac{1}{\sqrt{2\pi}} e^{-\frac{1}{2}v^2} dv$

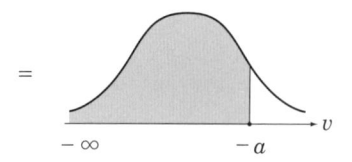

たとえば……

$N(-(-0.2133)) =$

$= N(0.2133)$
$= 0.5845$

§11.3 リスク中立評価法によるブラック・ショールズの公式の求め方

A と B をあわせると

$$E[\max\{S_T-X, 0\}] = S \cdot e^{r(T-t)} \cdot N\left(\frac{\log\dfrac{S}{X} + \left(r+\dfrac{\sigma^2}{2}\right)(T-t)}{\sigma\sqrt{T-t}}\right)$$

$$-X \cdot N\left(\frac{\log\dfrac{S}{X} + \left(r-\dfrac{\sigma^2}{2}\right)(T-t)}{\sigma\sqrt{T-t}}\right)$$

となります.

したがって, 現在のコールオプションの価格 f は

$$f = e^{-r(T-t)} \cdot E[\max\{S_T-X, 0\}]$$

$$= e^{-r(T-t)} \cdot \left\{S \cdot e^{r(T-t)} \cdot N\left(\frac{\log\dfrac{S}{X} + \left(r+\dfrac{\sigma^2}{2}\right)(T-t)}{\sigma\sqrt{T-t}}\right)\right.$$

$$\left. -X \cdot N\left(\frac{\log\dfrac{S}{X} + \left(r-\dfrac{\sigma^2}{2}\right)(T-t)}{\sigma\sqrt{T-t}}\right)\right\}$$

$$= S \cdot N\left(\frac{\log\dfrac{S}{X} + \left(r+\dfrac{\sigma^2}{2}\right)(T-t)}{\sigma\sqrt{T-t}}\right)$$

$$-X \cdot e^{-r(T-t)} \cdot N\left(\frac{\log\dfrac{S}{X} + \left(r-\dfrac{\sigma^2}{2}\right)(T-t)}{\sigma\sqrt{T-t}}\right) \quad \leftarrow ⑳$$

となりました.

> p.188 の
> ブラック・ショールズの公式と
> 見比べてください

◀︎⑳ 左ページの説明です！

$$\frac{\log \frac{S}{X} + \left(r + \frac{\sigma^2}{2}\right)(T-t)}{\sigma\sqrt{T-t}} = \frac{u}{\sigma\sqrt{x}} + \sigma\sqrt{x} = d_1$$

$$\frac{\log \frac{S}{X} + \left(r - \frac{\sigma^2}{2}\right)(T-t)}{\sigma\sqrt{T-t}} = \frac{u}{\sigma\sqrt{x}} = d_1 - \sigma\sqrt{T-t}$$

p.189 も見てくださいね

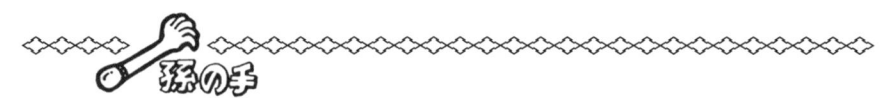

孫の手

オプションの評価法は，

　　　　コンパウンドオプションモデル

　　　　ジャンプ拡散モデル

など，ブラック・ショールズのモデル以外にも，いろいろ開発されています．

　詳しくは，

　　　　ジョン・ハル著　『フィナンシャルエンジニアリング』

の最新版を参照してください．

§11.3　リスク中立評価法によるブラック・ショールズの公式の求め方

Column　Excel で描くフーリエ級数（6）　☞ p.192 のつづき

ここで，フーリエ級数のグラフを描きます．

手順 13　グラフの範囲 L2 から L202 のセルをドラッグして，
［挿入］⇒［折れ線］⇒［2-D 折れ線］から，次のように選択します．

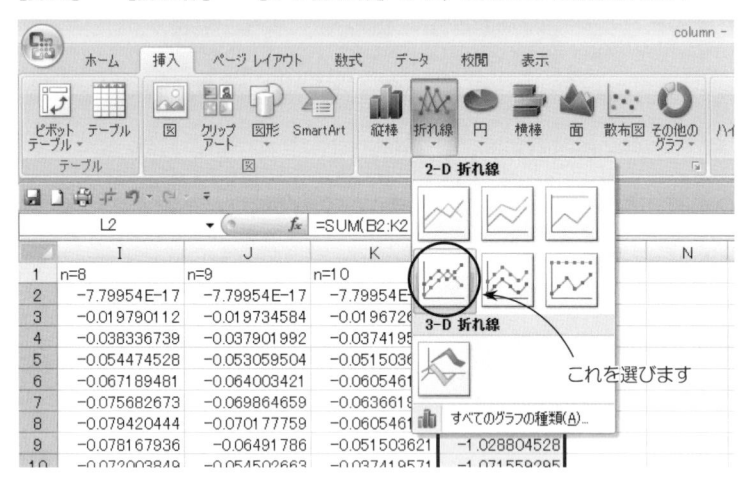

手順 14　フーリエ級数のグラフが描けました．

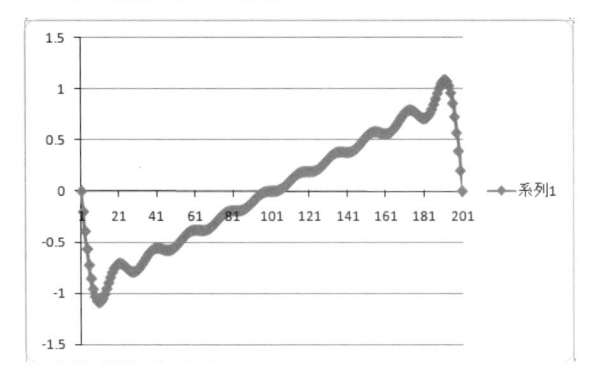

付　録

ブラック・ショールズ原論文の
日本語部分訳

Black, F. & Scholes, M.
The Pricing of Options and Corporate Liabilities,
taken from JOURNAL OF POLITICAL ECONOMY（May-June 1973）.
The University of Chicago Press より許可使用.

増補版　金融・証券のためのブラック・ショールズ微分方程式

オプションの価格設定と企業債務

　市場においてオプションの価格が正しく設定されているとすると，オプションの買いと売り，および原株のポートフォリオの構築によって確実に利益を上げるのは不可能といえます．この原理から，オプションの理論的評価の公式が引きだされます．ほとんどすべての企業債務はオプションの組み合わせとみなすことができますから，そういう結論を導きだす公式と分析は，普通株，社債，ワラントのような企業債務にも適用できます．特に公式は，債務不履行の可能性を考慮した社債の割引率を引き出すのに使用されます．

序論

　オプションはある条件の下で特定の期間内に資産（アセット）を買う，あるいは売る権利を与える有価証券です．アメリカンオプションはオプション行使期限日前ならいつでも行使できるオプションです．ヨーロピアンオプションは指定された将来の定められた日にしか行使できないオプションです．オプションが行使された時に，資産に対して支払われる価格を権利行使価格あるいはオプション行使価格といいます．オプションが行使される最後の日を権利行使日または満期日といいます．

　最も単純なオプションは，普通株1株を買う権利を与えるオプションです．この論文では，しばしばコールオプションともいわれる，このようなオプションを中心に議論を進める予定です．

　通常，株価が高ければオプションの値も当然大きいといえるでしょう．株価が行使価格よりずっと高くなれば，オプションはほとんど間違いなく行使されます．したがってオプションの現在価値は，額面価格とオプションの権利行使価格は同額として，株価からオプションと同じ日に満期となる純粋割引債の価格を差し引いたものとほぼ同額になります．

　逆に株価が行使価格よりずっと低い場合には，オプションはほぼ確実に行使されないまま満了し，その値はゼロに近づきます．

　オプションの満期日が非常に先である場合には，行使満期日に行使価格を支払う債券の価格は非常に低く，オプションの値は株価とほぼ同額となります．

逆に満期日が非常に近い場合には，株価が行使価格以下であると，オプションの値は株価から行使価格を引いたもの，あるいはゼロ，とほぼ同じになります．通常，株価に変化がない場合には，オプションの値は満期が近づくに従って低下します．

　このようなオプションの値と株価の間の関係の一般的特性は，よく図1のようなグラフで示されます．図の線Aは，オプションの最大値は株価以上にはなり得ないので，オプションの最大値を表します．線Bは，オプションの最小値はマイナスになることはなく，株価から行使価格を引いたものより低くなることもないので，オプションの最小値を表します．曲線T_1, T_2, T_3は満期までの期間が短くなるときのオプションの値を表します．

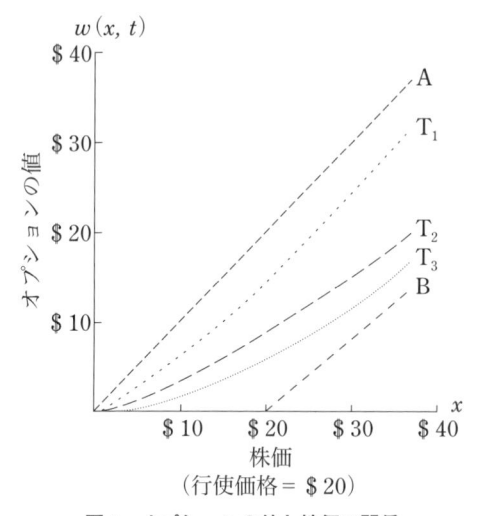

図1　オプションの値と株価の関係

　通常，オプションの値を表すカーブは上向きの凹形となります．カーブは傾き45°の直線Aの下にあるので，オプションは株よりも変わりやすいということがわかります．満期を一定として，株価におけるあるパーセントの変化は，オプションの値における，より大きなパーセントの変化をもたらすでしょう．しかし，オプションの相対ボラティリティは一定ではありません．それは株価と満期日によって左右されます．

　従来の研究のほとんどはオプションの評価をワラントの値で表していました．たとえば，Sprenkle (1961)，Ayres (1963)，Boness (1964)，Samuelson (1965)，Baumol, Malkiel & Quandt(1966)，およびChen(1970)の全員がほぼ同一の形の評価公式を発

表しました．しかし彼らの公式はどれも，1つ以上の任意のパラメータを含んでいるので，完全ではありませんでした．
　たとえば，オプションの値を出す Sprenkle の公式は下記のように表すことができます．

$$kxN(b_1) - k^*cN(b_2)$$

$$b_1 = \frac{\log_e \frac{kx}{c} + \frac{1}{2} v^2 (t^* - t)}{v \sqrt{t^* - t}}$$

←原論文では ln を使っています

$$b_2 = \frac{\log_e \frac{kx}{c} - \frac{1}{2} v^2 (t^* - t)}{v \sqrt{t^* - t}}$$

この公式では，x は株価，c は権利行使価格，t^* は行使期限日，t は現在日，v^2 は株における収益の分散率（☞ p.257 注 1），$\log_e$ は自然対数，$N(b)$ は正規分布関数，を表します．しかし，k と k^* は未知のパラメータです．Sprenkle(1961)は，k をワラントが満期になる時の株価の期待値と現行株価との比と定義し，k^* を株のリスクによって変動する割引因子と定義しています．彼は k と k^* の値を経験的に見積もろうと試みましたが，それは不可能と考えています．
　もっと典型的な方法として，Samuelson(1965)は α と β の2つの未知パラメータを使います．α は株からの期待収益率とし，β はワラントからの期待収益率，またはワラントに適用される割引率としています（☞ p.257 注 2）．彼はワラントが満期となる時の株価がとり得るであろうと思われる分布は対数正規分布であると想定して，この分布の期待値を選び，行使価格で打ち切ります．そしてこの期待値を β の率で現在値に割引きます．しかし残念ながら，ワラントの値を決定する適切な手順となるような，資本市場均衡条件下での有価証券の価格設定モデルは存在していないようです．
　その後の論文で，Samuelson & Merton(1969)は，ワラントが行使される時ワラントの可能な値の分布の期待値を割り引くのは適切な手順ではないと認めています．彼らは，オプションの値を株価の関数として扱って，理論を推し進めています．彼らはまた，投資家が株とオプションの両方の未払い総額を保有し続けるという前提が割引率を決める一要素でもあると認めています．しかし彼らは，投資家は他の資産をも保有しており，したがって割引率に影響を与えるオプションと株のリスクは，分散させることのできないリスクの一部でしかない，という事実は考慮に入れていません．彼

らの最終公式は，典型的な投資家に当てはまると考えられる効用関数の形状に則っています．

私たちがモデルをつくる際に採用している概念の1つは，Thorp & Kassouf (1967) が発表したものです．2人は実際のワラント価格にカーブを当てはめてワラントの実証的評価公式を得ています．それからこの公式を使って，有価証券の買い持ちの場合と売り持ちの場合のヘッジポジションを決めるために必要な株とオプションの割合を算出します．しかし彼らは，価格が均衡している時は，このようなヘッジポジションにおける期待収益は無リスク資産からの収益と同じになる，という事実までは追求していません．この均衡条件を使って理論的評価公式を引き出す方法を次に示します．

評価公式

株の価からオプションの値を出す公式を作成するために，私たちは株式市場，オプション市場の理想的条件を想定します．

a) 短期金利は時間を通じて既知であり，一定である．
b) 株価は，分散率が株価の2乗に比例して連続的時間のランダムウォークに従う．したがって,ある決まった期間の終わりでの株価の分布は対数正規分布である．株における収益の分散率は一定である．
c) 株は配当も他の配分もしない．
d) オプションはヨーロピアンで，つまり満期時のみに行使される．
e) 株，オプションの売買には取引コストは発生しない．
f) 株の購入，保有をするために，短期金利で有価証券の価格の一部を借入できる．
g) 空売りに対するペナルティはない．有価証券を保有しない売り手は買い手の有価証券価格を受け入れるだけで,将来の期日にその日の価格を買い手に支払って決済する．

これらの想定のもとで，オプションの値は，株価，時間，および既知の定数としてとらえられている変数によってのみ左右されます．こうすることにより，株価に左右

251

されず,時間と既知の定数の値だけに左右される株の買い建てとオプションの売り建てからなるヘッジポジションを構築することができます.株価 x と時間 t の関数としてのオプションの値を $w(x,t)$ とすると,先物株式の買い1株に対して売り建てしなければならないオプションの数は次のようになります.

$$\frac{1}{w_1(x,t)} \quad \cdots (1)$$

式(1)で,下付き数字は,最初の独立変数に関する $w(x,t)$ の偏導関数です.

　このようなヘッジポジションの値が株価に左右されないことは,株価の変化が小さい時,株価の変化に対するオプションの値の変化の比は $w_1(x,t)$ になるということを見ればわかります.1次近似については,もし株価が Δx 変化すると,オプション価格は $w_1(x,t)\Delta x$ 変わり,式(1)で与えられるオプションの数は Δx 変わります.このように,株の買い建ての値は,$\frac{1}{w_1}$ オプションの売り建ての値の変化でおおむね相殺されます.

　変数 x と t が変わると,株1株のヘッジポジションを構築するための空売りするオプションの数が変わります.継続的にヘッジし続けると,前述の近似は正確になり,ヘッジポジションからの収益は株価の変動とは全く無関係になります.つまり,ヘッジポジションからの収益は確実になります.

　ヘッジポジションの構成の説明として,図1の線 (T_2) を見てください.株価は15ドルで始まり,したがってオプションの値は5ドルで始まると考えましょう.同時に,その時点での傾きは $\frac{1}{2}$ と考えましょう.このことは,株を1株買って2つのオプションを空売りすることでヘッジポジションを構築することを意味します.1株は15ドルで,2つのオプションを売ることで10ドル入り,このポジションのエクイティは5ドルとなります.

　株価が変化してもヘッジポジションは変わらないとすると,ある有限期間の終わりでのエクイティの値は不安定になります.株価が15ドルから20ドルに上がった時,2つのオプションが10ドルから15.75ドルに上がったとしましょう.また株価が15ドルから10ドルに下がり,オプションは10ドルから5.75ドルに下がるとしましょう.このように,株価が上下5ドル動くと,エクイティは5ドルから4.25ドルになります.株価が上下5ドル動くことでエクイティは0.75ドル下がります.

　それに加えて,オプションの満期が変わると曲線は(たとえば図1で T_2 から T_3 へ

と) 移動します. その結果生ずるオプションの値の低下は, ヘッジポジションのエクイティを増やして, 株価の大幅な変化が起きた時生じるであろう損失を相殺する方向に向かうことを意味します.

株価に大幅な変化があっても, エクイティの値の下げ幅は小さいことに注意してください. 株価の変動幅に対するエクイティの値の下げ率は, 株価の変動幅が小さくなるにしたがって, 小さくなります.

また, エクイティの値の変化の方向は株価の変化の方向とは無関係であることにも注目してください. これは, 株価は連続的なランダムウォークに従い, 収益は一定の変動率をもつという私たちの想定のもとでは, エクイティからの収益と株からの収益の間の共分散はゼロになることを意味します. もし株価と市場ポートフォリオの値が, 一定の共分散率をもつ同時連続型ランダムウォークに従うなら, その意味するところは, エクイティからの収益と市場ポートフォリオからの収益との間の共分散はゼロとなるということです.

このように, オプションの売り建てを連続的に調整すれば, ヘッジポジションのリスクはゼロになります. ポジションを連続的に調整しなくてもリスクは小さく, そのリスクは, すべてこのようなヘッジポジションを大量に組んだポートフォリオによって分散されたリスクからなります.

一般的に, ヘッジポジションは買い建て1株と $\frac{1}{w_1}$ オプションの売り建てからなっているので, ポジション内のエクイティの値は下記のように表されます.

$$x - \frac{w}{w_1} \quad \cdots(2)$$

短期間 Δt でのエクイティの値の変化は下記のように表されます.

$$\Delta x - \frac{\Delta w}{w_1} \quad \cdots(3)$$

売り建てが連続的に変化すると仮定すると, 確率解析を使って

$$\Delta w = w(x + \Delta x, t + \Delta t) - w(x, t)$$

を次のように展開できます.

$$\Delta w = w_1 \Delta x + \frac{1}{2} w_{11} v^2 x^2 \Delta t + w_2 \Delta t \quad \cdots(4)$$

方程式(4)において, w の下付き数字は偏導関数で, v^2 は株の収益の分散率です($v=$

ボラティリティ）．方程式(4)を式(3)に代入すると，ヘッジポジションにおけるエクイティの値の変化は次のようになります．

$$-\left(\frac{1}{2}w_{11}v^2x^2+w_2\right)\frac{\Delta t}{w_1} \quad \cdots (5)$$

ヘッジポジションのエクイティからの収益は確定しているので，収益は $r\Delta t$ と等しくならなければなりません．仮にヘッジポジションが連続的に変わらなくても，そのリスクは小さい上にすべて分散されているので，ヘッジポジションにおける期待収益は短期金利と等しくなります．もしそうでないならば，投機家は大量の資金を借入してこのようなヘッジポジションを構築して収益を上げようとし，その過程で収益を短期金利にまで下げてしまうでしょう．

したがって，エクイティ(5)の変化はエクイティ(2)の値の $r\Delta t$ 倍になります．

$$-\left(\frac{1}{2}w_{11}v^2x^2+w_2\right)\frac{\Delta t}{w_1}=\left(x-\frac{w}{w_1}\right)r\Delta t \quad \cdots (6)$$

Δt を両辺からとり，変形すると，オプションの値の偏微分方程式を得ます．

$$w_2=rw-rxw_1-\frac{1}{2}v^2x^2w_{11} \quad \cdots (7)$$

t^* をオプションの行使期限とし，c を行使価格とすると，次のことがわかります．

$$\begin{aligned}w(x,t^*)&=x-c \quad \cdots \ x\geqq c\\&=0 \quad \cdots \ x<c\end{aligned} \quad \cdots (8)$$

この境界条件(8)のもとで偏微分方程式(7)を満足させる解 $w(x,t)$ は，ただ1つしかありません．この解が求めるオプションの評価式です．

この偏微分方程式を解くために，私たちは次のように置き換えました．

$$w(x,t)=e^{r(t-t^*)}y\left[\frac{2}{v^2}\left(r-\frac{1}{2}v^2\right)\left[\log_e\frac{x}{c}-\left(r-\frac{1}{2}v^2\right)(t-t^*)\right]\right.$$
$$\left.-\frac{2}{v^2}\left(r-\frac{1}{2}v^2\right)^2(t-t^*)\right] \quad \cdots (9)$$

この変換で，偏微分方程式は次のようになります．

$$y_2=y_{11} \quad \cdots (10)$$

そして境界条件は次のようになります．

$$y(u,0) = 0 \qquad \cdots \ u<0$$
$$= c\left[e^{u\left(\frac{1}{2}v^2\right)/\left(r-\frac{1}{2}v^2\right)} - 1\right] \quad \cdots \ u \geqq 0 \qquad \cdots(11)$$

この偏微分方程式(10)は物理学の熱伝導方程式で，その解はChurchill(1963)によって与えられました．私たちの表記法では，解は次のようになります．

$$y(u,s) = \frac{1}{\sqrt{2\pi}}\int_{-\frac{u}{\sqrt{2s}}}^{\infty} c\left[e^{\left(u+q\sqrt{2s}\right)\left(\frac{1}{2}v^2\right)/\left(r-\frac{1}{2}v^2\right)} - 1\right] e^{\left(-\frac{q^2}{2}\right)} dq \qquad \cdots(12)$$

式(12)を式(9)に代入し，表現しなおすと，次のようになります．

$$w(x,t) = xN(d_1) - ce^{r(t-t^*)}N(d_2)$$
$$d_1 = \frac{\log_e \frac{x}{c} + \left(r + \frac{1}{2}v^2\right)(t^*-t)}{v\sqrt{t^*-t}}$$
$$d_2 = \frac{\log_e \frac{x}{c} + \left(r - \frac{1}{2}v^2\right)(t^*-t)}{v\sqrt{t^*-t}} \qquad \cdots(13)$$

方程式(13)における$N(d)$は正規分布関数です．

　株からの期待収益は方程式には現れないことに注意してください．株価の関数としてのオプションの値は株からの期待収益に左右されません．しかし，オプションからの期待収益は株からの期待収益に左右されるでしょう．株価の上昇がより速ければ，オプション価格も関数式(13)を通して，より速く上昇します．

　式の中では満期までの期間(t^*-t)は金利rまたは分散率v^2とのかけ算としてしか現れません．したがって，満期までの期間における増加は，rとv^2における等しいパーセント増と同じ結果をオプションの値にもたらします．

　Merton(1973)は，方程式(13)で得たオプションの値が，t^*, rあるいはv^2のいずれか1つが増えるに従って，連続的に増えることを証明しました．いずれの場合でも，株価に等しい最大値に近づきます．

　評価式のなかの偏導関数w_1は，式(1)に出るヘッジポジションにおけるオプションに対する株の配分率を決定する，という点で注目に値します．方程式(13)の偏導関数を使い，簡約すると，次のようになります．

$$w_1(x,t) = N(d_1) \qquad \cdots(14)$$

方程式(14)における d_1 の定義は方程式(13)における定義と同じです．

　方程式(13)と(14)から，$\dfrac{xw_1}{w}$ は常に1より大であることが明確にわかります．このことから，オプションは常に株よりも変わりやすいことがわかります．

別の導き方

　"資本資産評価モデル"を使って，偏微分方程式(7)を導き出すことも可能です．この導き方によって，時間と株価の両方に左右される割引率を使って，現在値でオプションの値を割り引く方法をよりよく理解することができます．

　資本資産評価モデルは，市場均衡状態における資本資産のリスクと期待利益の関係を説明します．資産からの期待利益は，現在価値を得るために，資産の期末の値に適用すべき割引を与えます．このように，資本資産評価モデルは，不確実性のもとでの割引の一般的方法を提供します．

　資本資産評価モデルによると，β を，資産の収益と市場の収益との共分散を市場の収益の分散で割った値として定義したとき，資産からの期待収益は β の1次関数になります．方程式(4)から，市場における利益とオプション $\dfrac{\Delta w}{w}$ からの利益の共分散は，市場における利益と株 $\dfrac{\Delta x}{x}$ からの利益の共分散に $\dfrac{xw_1}{w}$ をかけたものに等しいことがわかります．これから，オプションの β と株の β との関係は次のように表せます．

$$\beta_w = \left(\dfrac{xw_1}{w}\right)\beta_x \qquad \cdots(15)$$

$\dfrac{xw_1}{w}$ は，株価に対するオプション価格の"弾力性"を表すと解釈できます．それは，満期を一定とした時，株価のパーセントの変化に対するオプション価格のパーセントの変化の比です．

　資本資産評価モデルをオプションと現物株に適用するために，まず α を市場からの期待利益率から金利を引いたものと定義しましょう．このとき，オプションの期待収益と株の期待収益は次のように表せます．

$$E\left(\dfrac{\Delta x}{x}\right) = r\Delta t + \alpha\beta_x \Delta t \qquad \cdots(16)$$

$$E\left(\dfrac{\Delta w}{w}\right) = r\Delta t + \alpha\beta_w \Delta t \qquad \cdots(17)$$

方程式(17)に w をかけ，方程式(15)からの β_w に代入すると，次のようになります．

$$E(\Delta w) = rw\Delta t + \alpha x w_1 \beta_x \Delta t \qquad \cdots(18)$$

確率解析を使って，Δw を，つまり $w(x+\Delta x, t+\Delta t) - w(x, t)$ を次のように展開します．

$$\Delta w = w_1 \Delta x + \frac{1}{2} w_{11} v^2 x^2 \Delta t + w_2 \Delta t \qquad \cdots(19)$$

方程式(19)の期待値を取り，方程式(16)からの $E(\Delta x)$ を代入すると，次のようになります．

$$E(\Delta w) = rxw_1 \Delta t + \alpha x w_1 \beta_x \Delta t + \frac{1}{2} v^2 x^2 w_{11} \Delta t + w_2 \Delta t \qquad \cdots(20)$$

方程式(18)と(20)を結合すると，α と β_x を含む項は次のようにキャンセルされます．

$$w_2 = rw - rxw_1 - \frac{1}{2} v^2 x^2 w_{11} \qquad \cdots(21)$$

方程式(21)は方程式(7)と同じです．

注1. 分散率は variance rate の訳です．
原論文では次のようになっています．
"The variance rate of the return on a security is the limit, as the size of the interval of measurement goes to zero, of the variance of the return over that interval devided by the length of the interval."
注2. 期待収益率は rate of expected return の訳です．
原論文では次のようになっています．
"The rate of expected return on a security is the limit, as the size of the interval of measurement goes to zero, of the expected return over that interval divided by the length of the interval."

参考文献

[1] 『フィナンシャルエンジニアリング―金融派生商品開発入門』
 (ジョン・ハル著, 三菱銀行商品開発室訳, 金融財政事情研究会, 1992年)
[2] 『フィナンシャルエンジニアリング―デリバティブ商品開発とリスク管理の基礎』
 (ジョン・ハル著, 東京三菱銀行商品開発部訳, 金融財政事情研究会, 1998年)
[3] 『金融工学の基礎』
 (刈屋武昭著, 東洋経済新報社, 1997年)
[4] 『ファイナンスの数理』
 (沢木勝茂著, 朝倉書店, 1994年)
[5] 『ファイナンスへの計量分析』
 (小暮厚之著, 朝倉書店, 1997年)
[6] 『日本の株価変動―ボラティリティ変動モデルによる分析』
 (刈屋武昭, 佃 良彦, 丸 淳子編著, 東洋経済新報社, 1989年)
[7] 『デリバティブと新金融商品の数学 問題と解答』
 (辰巳憲一著, 東洋経済新報社, 1996年)
[8] 『オプション取引のすべて―デリバティブズとリスク管理』
 (日本銀行金融市場研究会編著, 金融財政事情研究会, 1995年)
[9] 『確率論』
 (伊藤 清著, 岩波書店, 1991年)
[10] 『よくわかるブラック・ショールズモデル』
 (蓑谷千凰彦著, 東洋経済新報社, 2000年)
[11] 『ファイナンスのための確率微分方程式』
 (トーマス・ミコシュ著, 遠藤 靖訳, 東京電機大学出版局, 2000年)
[12] 『岩波講座現代数学の基礎 9 確率微分方程式』
 (舟木直久著, 岩波書店, 1997年)
[13] 『よくわかる微分積分』
 (有馬 哲・石村貞夫著, 東京図書, 1988年)

[14] 『SPSSによる時系列分析の手順（第2版）』
　　（石村貞夫著，東京図書，2006年）
[15] 『すぐわかる微分方程式』
　　（石村園子著，東京図書，1995年）
[16] 『すぐわかるフーリエ解析』
　　（石村園子著，東京図書，1996年）
[17] 『入門はじめての統計解析』
　　（石村貞夫著，東京図書，2006年）

索 引

ア 行

アービトラージ	195
一様収束	64
1回目の変数変換	160
1周期	87
一般解	69, 80
一般化したウィーナー過程	123, 126
伊藤過程	128, 132, 146
伊藤のレンマ	132, 146
ウィーナー過程	120, 126
xの偏導関数	21
n階導関数	18
オプションの行使価格	159

カ 行

解	69
カイ2乗分布の定理	139
階数	68
確率	47
確率的に	139, 140
確率密度関数	232
重ね合わせ	110
重ね合わせの原理	82, 111
株価	200
株価ボラティリティ	147, 159
株価モデル	129
ガンマ	152
幾何ブラウン運動	129
期待収益率	129, 147, 257
期待値 E	203, 213, 232
期待値 $E[X]$	231
基本解	80
境界条件	70
金融派生証券	133
形式解	96
現在の株価	159
現在のコールオプションの価格の求め方	215
権利行使価格	200, 214
高階導関数	18
高階偏導関数	28
合成関数	14
合成関数の導関数	14
合成関数の導関数の公式	14
合成関数の"微分"	16
合成関数の偏導関数の公式	26, 27
コールオプション	200
コールオプションの価値	159
コールオプションの公式	157

サ 行

裁定取引	194
3階導関数	18
算術ブラウン運動	127
時系列	119
指数関数	7
実数解	80
時点	98
時点Tの株価	159
重解	80
周期関数	86
収束	54
常微分方程式	68
初期条件	70
正規分布	121, 127, 224

正規分布の性質	121, 127
正規モデル	228
積の微分公式	167
積分定数	48
積分の順序交換	181
積分の変数変換	49
セータ	152
接線	10
接平面	20
全微分	25

タ 行

対数ウィーナー過程	127
対数関数	7
定数係数2階線型同次微分方程式	74
定数係数2階線型同次微分方程式の解の公式	80
定積分	46, 47
テイラー級数展開	34
テイラー展開の公式	38
テイラーの定理	36, 42
デルタ	152
導関数	6, 18
導関数の公式	7
等差級数の公式	38
投資収益率	225
等比級数の公式	38
解く	69
特殊解	69
特性方程式	80
独立変数	37
ドリフト率	123, 129

ナ 行

2階導関数	18
2回目の変数変換	182

2項モデル	228
2変数関数のテイラー級数展開	42
任意定数	48, 69
熱伝導方程式	96, 98, 171
熱伝導方程式と境界条件	99
熱伝導方程式の解	112
熱伝導方程式の解を求める	100
ノー・アービトラージ	195

ハ 行

発散	54
波動方程式	96
非危険利子率	150, 159, 214
左手系	21
微分	11, 25
微分可能	12
微分係数	10
微分する	6
微分の定義	11
微分不可能	12
微分方程式	68
微分方程式のつくり方	71
標準化	235
標準正規分布	58
標準正規分布の数表	60
フェア	195
複素数解	80
不定積分	48
不定積分の公式	49
部分積分法	48, 49
ブラウン運動	120
ブラック・ショールズ微分方程式	225
ブラック・ショールズの偏微分方程式	152, 158, 170
フーリエ級数展開	86
フーリエ級数展開の定理	86, 91

フーリエ級数のグラフの描き方	116	無限級数		38
フーリエ係数	86, 90	無限積分		54
フーリエ積分展開	90	無裁定取引		195
フーリエの積分定理	90, 91	無リスク金利		196
不連続	2	無リスク証券		196
プレゼントバリュー	196	面積		46
分散率	257	面積確定		54
平均株価	118			
ヘッジング	209	ラ 行		
変化量	11			
変数分離形	74, 76	ラプラスの方程式		96
変数分離形の解き方	76	乱数のつくり方		32
変数分離形の公式	76	ランダムウォーク		9, 120
変数変換	48, 49	ランダムウォークの条件		119
偏導関数	20	ランダムウォークのつくり方		84
偏微分方程式	68, 96	ランダムウォークの描き方		94
偏微分方程式の3つのタイプ	96	離散的な時系列		120
補題	132	離散モデル		221
ポートフォリオ	144, 146, 206	リスク		145
ポートフォリオの価値	144	リスク中立評価法		208, 209, 215
ポートフォリオの収益率	144	リターン		145
ほとんどいたるところで連続	2	連続的な時系列		121
ボラティリティ	129, 225	連続の定義		4
		連続複利		5, 196
マ 行		レンマ		132
マクローリン展開	35	ワ 行		
満期	200			
満期日	159, 214	ワイエルストラスの関数		9
右手系	21	y の偏導関数		21
		割り引く		201

英字・記号

a	176	$\dfrac{df}{dx}$	6
$C(k)$	172, 176		
df	11, 25, 36, 132		

$\dfrac{d}{dx}f(x)$	6
$D(k)$	172, 176
$\sqrt{dt}$	121
dX	124, 128
$\dfrac{dy}{dx}$	6
dZ	121
$(dZ)^2 = dt$	138
e^{-rx}	160
E	213, 214, 226
$E[g(X)]$	232
$E[\max\{S_T - X, 0\}]$	230, 232, 234, 236
$E[X]$	231
$f(S, t)$	133, 153, 159
$f_S(S, t)$	160
$f_{SS}(S, t)$	160
$f_t(S, t)$	160
$f(X, t)$	132
$f'(x)$	6
$f_x(x, y)$	21
$f_y(x, y)$	21
$g(a)$	177
$g(u)$	176
k	174
k^2	172
$-k^2$	172
$\max$	214, 226
$\max\{S_T - X, 0\}$	230
$\max\{S_T - X, 0\}$ のグラフ	237
$N(d)$	59, 187
PV	196
r	150, 159
$R(t)$	144
RAND	32
S	133, 153, 159

S^{-1}	167
S_T	159
T	159
t	159
u	160
v	153, 182
$V(u)$	170
w	153, 159
w_1	153
w_{11}	153
w_2	153
$W(t)$	144
$W(x)$	170
$w(x, t^*)$	159
X	159
x	153, 158, 160
$X(t)$	123
y'	6
$y(u, s)$	161
$y(u, x)$	160
$y_u(u, x)$	165, 167
$y_{uu}(u, x)$	167
$Z(t_i)$	119, 120
Γ	152
Θ	152
Δ	152, 209
ΔZ	121
Δf	11, 25, 36
Δt	121
ΔX	123, 128
$\dfrac{\partial}{\partial x}f(x, y)$	21
$\dfrac{\partial}{\partial y}f(x, y)$	21
$\dfrac{\partial^2}{\partial x^2}f(x, y)$	28

$\dfrac{\partial^2}{\partial y^2}f(x,y)$	28		$\dfrac{\partial f}{\partial y}$	21
$\dfrac{\partial^2}{\partial x \partial y}f(x,y)$	28		$\dfrac{\partial^2 f}{\partial S^2}$	153
$\dfrac{\partial f}{\partial S}$	153		ε	121, 138
			$\varepsilon^2 \cdot dt$	138
$\dfrac{\partial f}{\partial t}$	153		λ	100
			σ	153, 159
$\dfrac{\partial f}{\partial x}$	21			

編集部長 須藤静雄さんのこと

　この増補版は，東京図書の編集部長をされていた須藤静雄さんの一言から始まりました．
　「ブラック・ショールズの本をまとめて，増補版で出しておきませんか？」
　まとめるというのは，『金融・証券のためのブラック・ショールズ微分方程式』と『金融・証券のためのファイナンシャル微分積分』の2冊をまとめるということです．

　この『金融・証券のためのブラック・ショールズ微分方程式』は，いろいろ思い出の多い本で，この本が出版されるまでに，須藤さんとは100回近くもFAXでのやり取りをしました．
　須藤さんからの最初のFAXは，「この企画で本が売れますか？」
　石村の返事のFAXは，「夢　夢，疑うこと無かれ」
　そして，出版後，1週間目の須藤さんからのFAXは，あまりの反響に
　　　　　　　　　「　！　」
　ところが，僕はそのしゃれた意味に気が付かなくて，
　　　　　　　「"！"ってなんですか？」
　でも，2008年6月に急逝された今となっては，すべて懐かしい思い出です．

　もう，はるか昔のこと，早稲田大学数学科の有馬哲先生の研究室で，偶然，須藤さんにお会いしてからの長い付き合いとなりました．
　須藤さんに編集していただいた本は，もうすでに数十冊となりましたが，僕の汚い手書きの原稿を見ても何ひとつ，文句も言わず
　　　　　「石村先生にワープロの原稿を頼んでも，無理というものでしょうね」
と，苦笑いされていました．

　謹んで名編集部長須藤静雄さんの御冥福をお祈りし，この本を須藤さんに捧げます．
長い間，本当にお世話になりました．

　　2008年7月6日

　　　　　　　　　　　　　　　　　　　　　　　　　　　　　　石村貞夫

■著者紹介

石村 貞夫（いしむら さだお）
- 1949年　愛媛県川之江市上分町に生まれる
- 1975年　早稲田大学理工学部数学科卒業
- 1977年　早稲田大学大学院修士課程修了
- 1981年　東京都立大学大学院博士課程単位取得
- 　　　　石村統計コンサルタント代表
- 　　　　理学博士・統計アナリスト
- 　　　　元鶴見大学准教授

石村 園子（いしむら そのこ）
- 1950年　東京に生まれる
- 1973年　東京理科大学理学部数学科卒業
- 1975年　津田塾大学大学院理学研究科修士課程修了
- 　　　　元千葉工業大学教授

増補版　金融・証券のためのブラック・ショールズ微分方程式

Ⓒ Sadao Ishimura & Sonoko Ishimura 1999, 2008

1999年9月27日	第1版第1刷発行	Printed in Japan
2008年9月24日	増補版第1刷発行	
2022年6月10日	増補版第11刷発行	

著者　石　村　貞　夫
　　　石　村　園　子
発行所　東京図書株式会社

〒102-0072 東京都千代田区飯田橋3-11-19
振替 00140-4-13803　電話 03(3288)9461
http://www.tokyo-tosho.co.jp/

ISBN 978-4-489-02040-7

Ⓡ〈日本複製権センター委託出版物〉

●本書を無断で複写複製（コピー）することは，著作権法上の例外を除き，禁じられています．本書をコピーされる場合は，事前に日本複製権センター（電話：03-3401-2382）の許諾を受けてください．

◆◆◆ **親切設計で完全マスター！** ◆◆◆

改訂版 すぐわかる微分積分
改訂版 すぐわかる線形代数
改訂版 すぐわかる微分方程式

●石村園子 著————————A5判

じっくりていねいな解説が評判の定番テキスト。無理なく理解が進むよう［定義］→［定理］→［例題］の次には，［例題］をまねるだけの書き込み式［演習］を載せた。学習のポイントはキャラクターたちのつぶやきで，さらに明確に。ロングセラーには理由がある！

演習 すぐわかる微分積分
演習 すぐわかる線形代数

●石村園子 著————————A5判

すぐわかる代数
●石村園子 著————————A5判
すぐわかる確率・統計
●石村園子 著————————A5判
すぐわかるフーリエ解析
●石村園子 著————————A5判
すぐわかる複素解析
●石村園子 著————————A5判

◆◆◆ すべての疑問・質問にお答えします ◆◆◆
入門はじめての統計解析
●石村貞夫 著――――――――――――― A 5 判

悩める初心者のために，わかりやすい公式と例題を多用して，基礎統計量から回帰分析，時系列分析までを楽しく解説。理解度チェック付。

入門はじめての多変量解析
入門はじめての分散分析と多重比較
●石村貞夫・石村光資郎 著――――――― 各 A 5 判

入門はじめての統計的推定と最尤法
●石村貞夫・劉晨・石村光資郎 著――――― A 5 判

◆◆◆ 統計学って意外とやさしい？ ◆◆◆
Excelでやさしく学ぶ統計解析 2019
●石村貞夫・劉晨・石村友二郎 著――――― B 5 判変形

合計・平均の求め方から 1 元配置の分散分析まで，つまずきがちな統計理論も Excel を操作しながら計算の流れを目で追えば，その理解度は高くなる。はじめて統計学を学ぶ人のために書かれたやさしくて使いやすい入門書。

Excelでやさしく学ぶ アンケート調査の統計処理 2019
●石村友二郎・加藤千恵子・劉晨・石村貞夫 著―― B 5 判変形

アンケート調査の失敗しない進め方，後悔しない調査票の作り方，そして，集めたデータを解析するのに必要な統計手法と結果の見方をていねいに解説。むずかしい統計理論は抜きにして，とにかく手を動かしてみれば……

◆◆◆ いま注目を浴びている意思決定の統計学 ◆◆◆

入門 ベイズ統計―意思決定の理論と発展―
●松原 望 著―――――――――――A5判

ふつうに使われている統計学は数学的，技術的でややもすると無味乾燥であるのに対して，ベイズ統計は結果から原因を探ろうとする，より人間の感覚に近い，幅広く理念的側面をもっている。Thomas Bayesのこの考え方は，いま統計的意思決定の理論として幅広い応用を得て，注目を浴びている。本書は，理論の理解はもとより幅広い応用例まで，わかりやすく解説した。

◆◆◆ 基礎から応用まで ◆◆◆

松原望統計学
●松原 望 著―――――――――――A5判

統計学入門
●蓑谷千凰彦 著―――――――――――A5判

これからはじめる統計学
●蓑谷千凰彦 著―――――――――――A5判

入門 確率過程
●松原 望 著―――――――――――A5判

ビジネスに欠かせない確率過程の基礎的な知識と，ファイナンス理論への応用についてのわかりやすくて役に立つ入門書。確率を学んでこなかった読者も視野に入れ，二項分布や指数分布，そして正規分布を実感できるように説明。ファイナンス理論に有用な概念を生の経済データとグラフで解説。

◆◆◆ 定期試験から、編入・転部、院入試対策までカバー ◆◆◆
弱点克服 大学生の微積分
●江川博康 著 ────────────────── A5判

試験問題はぜんぶ「選択問題」と考えて，自分の解ける問題をキッチリ解こう。重要100項目を見開きで一目でわかるように構成し，理解度チェックから得点力を磨くコツを伝授する。

◆◆◆ 文系学生にもわかりやすく、理解のコツと解答の仕方を伝授 ◆◆◆
弱点克服 大学生の線形代数 改訂版
●江川博康 著 ────────────────── A5判

高校の学習指導要領改訂に合わせて，行列の基本から丁寧に解説。1題を見開き2ページにぎゅっと圧縮し，重要な定理や公式を必ず近くで紹介。基礎を固めて得点源の科目にしよう。

◆◆◆ 微分方程式がスッキリと見通しよく解ける ◆◆◆
弱点克服 大学生の微分方程式
●江川博康 著 ────────────────── A5判

微分積分・線形代数の上にさらに進んだ数学の知識を身に付けるために重要かつ典型的な項目の中から基本～標準レベルの問題を厳選．様々な問題を解く上での土台となるようなオーソドックスな解答。勉強しやすいように1つの項目を見開きで説明。

◆◆◆ 定期試験やアクチュアリーの数学試験対策に ◆◆◆
弱点克服 大学生の確率・統計
●藤田岳彦 著 ────────────────── A5判

このテキストでは確率の基本から，統計，モデリング，金融数理まで詳しく解説した100問を用意した。本書により，少しでも確率・統計の苦手意識から逃れ，得意分野としてほしい。